AF367894

# BIBLIOTHÈQUE

## ENTOMOLOGIQUE.

PARIS. — IMPRIMERIE DE CASIMIR,
Rue de la Vieille-Monnaie, n° 12.

# OEUVRES ENTOMOLOGIQUES

DE

# ESCHSCHOLTZ.

---

TOME I<sup>er</sup>.

## ENTOMOGRAPHIEN.

**BERLIN.—1822.**

---

**Prix : 12 francs.**

---

## A PARIS,

**CHEZ LEQUIEN FILS, LIBRAIRE,**

QUAI DES AUGUSTINS, N° 47.

—

**1835.**

# AVIS DE L'ÉDITEUR.

Ce premier volume des Œuvres Entomologiques d'Eschscholtz commence à réaliser la promesse que j'ai faite aux Entomologistes, en tête de la Centurie de Kirby, de leur donner la traduction des œuvres de cet auteur, ravi trop tôt à la science par le choléra en 1831.

Un second volume contiendra la partie entomologique du *Zoologischer Atlas*, ainsi que la réunion des Mémoires qu'il a insérés dans divers recueils.

L'*Entomographien* contient la description de quatre-vingt-cinq espèces nouvelles, dont cinquante coléoptères : un grand nombre ont été rapportées de contrées peu explorées par les Entomologistes. J'ai lieu d'espérer que ce volume sera accueilli avec autant de faveur que les deux précédents. La langue allemande est peu répandue en France, et les ouvrages écrits en cette langue sont presque entièrement perdus pour nous. Je dois cette traduction à l'obligeance de M. Doumerc, D.-M., membre de la Société Entomologique de France, qui, joignant le savoir à la modestie, m'a permis de revoir quelques parties de son travail. Il n'y a que ceux qui ont tenté une pareille tâche qui puissent se douter de la difficulté que l'on éprouve à faire passer dans notre langue les longues et minutieuses descriptions des auteurs allemands. J'ose espérer que les Entomologistes nous sauront quelque gré de nos efforts pour parvenir à leur donner cette traduction aussi parfaite que possible.

Sous peu, je ferai paraître un fort volume, avec quatorze planches, qui contiendra la partie entomologique des six premiers volumes du Bulletin de la Société impériale des naturalistes de Moscou.

LEQUIEN FILS.

1er octobre 1835.

# TABLE ALPHABÉTIQUE



(1) Les genres nouveaux sont en lettres capitales, et les lettres italiques indiquent les espèces qui sont seulement citées. Les espèces figurées sont précédées d'un astérisque.

## ORTHOPTÈRES.



## HYMÉNOPTÈRES.

## HÉMIPTÈRES.



## DIPTÈRES.

# AVANT-PROPOS.

J'offre aux Entomologistes la première livraison de la *Description des Insectes nouveaux* que je possède, et qui ont été recueillis pendant le Voyage autour du monde du vaisseau *le Rurick*, sous le commandement du capitaine Othon de Kotzebue. J'ai mis tous mes soins à les décrire avec clarté, afin que l'on pût apprécier leurs différences spécifiques avec les nouvelles espèces que l'on découvrirait par la suite, et qui pourraient avoir beaucoup de rapports avec eux.

Ayant en ma possession peu d'ouvrages d'Entomologie, je me suis vu, quoique à regret, obligé de conserver toutes mes descriptions, ne pouvant pas supprimer des insectes que je considérais comme nouveaux, mais dont je ne pouvais vérifier l'exactitude : d'ailleurs, comme ces insectes viennent, pour la plupart, de contrées qui n'avaient pas encore été explorées par les Entomologistes, je pense qu'il y en a peu de connus.

J'ai joint, à la description de quelques coléoptères, des caractères génériques, lorsqu'ils étaient nécessaires pour les faire distinguer des groupes voisins ; et, pour les autres espèces, j'ai renvoyé aux genres déjà établis, me contentant de leur description spécifique.

Mon manuscrit venait à peine d'être terminé, quand j'ai reçu le Catalogue de la collection de M. le comte Dejean, et le *Magasin zoologique* de Wiedemann. J'ai réuni, dans un Appendice, quelques remarques générales faites d'après la connaissance que j'ai prise du premier de ces ouvrages ; le temps m'a manqué pour parcourir le second. Dans un envoi d'insectes que j'ai reçu dernièrement, j'ai trouvé le *Lucanus hirtus*, Herbst, pour lequel je renvoie le lecteur à l'Appendice.

Dorpat, 24 mai 1822.

# DESCRIPTIONS
# D'INSECTES NOUVEAUX.

---

1. *Lucanus tibialis.* (Pl. 1, fig. 1.)

L. castaneus; elytris tibiisque aurantiacis.

Mas. Mandibulis porrectis, basi et ante apicem valide dentatis.

Fœm. Mandibulis brevissimis, simplicibus.

Brésil, Sainte-Catherine.

Longueur du mâle, y compris les mandibules, 1 pouce; de la femelle, 7 1/2 lignes.

*Mâle.*

Tête d'un brun marron foncé, très grande, entièrement carénée, très fortement échancrée en avant dans son milieu, au devant duquel il y a une surface en demi-lune, dont le bord inférieur offre au centre un enfoncement très notable : angles antérieurs très saillants, larges, et tronqués obliquement; la partie des bords latéraux, voisine des yeux, est de la largeur du corselet, fortement carénée, et dépasse au-delà du tiers des yeux; la partie postérieure des bords latéraux est plus étroite que le corselet, se dirige en ligne droite et son arête est arrondie : la surface de la tête, fortement bombée sur les côtés et finement ridée, s'aplatit notablement en avant dans son milieu, mais se relève dans la largeur des angles antérieurs en forme de carène courte et obtuse. Yeux petits, globuleux. Mandibules (mesurées en dessus) longues de 4 1/2 lignes, avancées horizontalement, tellement rapprochées à leur base qu'elles ne peuvent y admettre aucun prolongement du chaperon, ce qui est le contraire dans le *Luc. cervus*, etc. ; elles sont très peu arquées vers leur extrémité, lisses, d'un brun foncé luisant, plus finement ridées que la tête, épaisses en dehors, minces en dedans et garnies de grosses dents : la mandibule gauche a, tout près de sa base, une dent large et obtuse ; une autre très grande, pointue, située au tiers de la longueur ; une troisième vers le milieu, très petite ; enfin une quatrième, large, échancrée vers l'extrémité : le bout de la mandibule est crochu, et arqué en dedans. La mandibule droite est un peu plus cambrée extérieurement ; elle a près de sa base une dent courte et large ; une autre, près de celle-ci, très grande, pointue ; une troisième, longue et émoussée, située au devant du bout de la mandibule, qui est crochu et arqué. Les antennes atteignent presque le bord postérieur du corselet ; leur premier article forme la moitié de la longueur totale ; il est cylindrique, un peu arqué ; les trois derniers articles sont en massue.

Corselet plus large que long, d'un brun-marron, rougeâtre en dessus, un peu bombé, très finement ridé, avec de petits points éparpillés ; faiblement sillonné au milieu, avec une fossette de chaque côté de ce sillon ; étroitement bordé tout autour, excepté au bord antérieur, dont le milieu est un peu avancé, et cilié de poils d'un jaune d'or : angles antérieurs très saillants, aigus ; bords latéraux droits jusqu'aux deux tiers de leur longueur, ayant en cet endroit une petite dent, après laquelle ils se courbent fortement en dedans ; angles postérieurs aigus ; bord postérieur ayant deux faibles échancrures. Écusson cordiforme, fortement ponctué, noir, couvert de poils jaunâtres.

Élytres un peu plus larges à leur base que la partie postérieure du corselet, s'élargissant jusqu'au milieu, terminées en pointe ; angles* huméraux aigus ; bords externes très peu relevés : leur surface, peu bombée, s'aplatit aux extrémités, et présente une quantité de raies serrées, régulières, formées par des points peu distincts, éloignés les uns des autres ; leur couleur générale est de brou de noix clair, mais la suture et les bords extérieurs sont finement relevés de brun châtain. Ailes complètes.

Dessous du corps et bord inférieur des élytres, lisses, d'un brun-marron ; dessous de la tête lisse, avec quelques gros points isolés : corselet très finement ridé au bord inférieur, ayant sa partie moyenne fortement avancée et pointue ; son bord antérieur strié dans le sens de la longueur, relevé. Sternum fortement avancé, lisse, s'étendant jusqu'au bord postérieur, tronqué verticalement : parties latérales garnies de fossettes serrées. Poitrine lisse au milieu, finement ridée sur les côtés ; ceux-ci sont ponctués et cannelés antérieurement. Abdomen lisse.

Pattes assez minces ; cuisses un peu épaisses, d'un brun-

marron foncé, les antérieures ornées en avant de leur
insertion d'une tache ovale formée par des poils d'un
jaune doré ; jambes presque cylindriques, d'un brun-
fauve clair, les antérieures un peu dilatées à leur extrémité, qui est munie d'une épine interne et de deux
extérieures, brunes ; leur bord extérieur est finement
dentelé en scie ; jambes postérieures parsemées de poils
courts dorés. Tarses allongés, d'un brun obscur.

*Femelle.*

Tête d'un brun-marron foncé, avec un reflet violet,
carrée, plus large que longue, mais beaucoup plus étroite
que le corselet, avec le bord antérieur droit : les protu-
bérances des angles antérieurs sont irrégulières, moins
prononcées en arrière, et disparaissent en avant pour
laisser libre un espace triangulaire, plat ; toute sa surface est garnie de fossettes serrées. Les mandibules,
noires, n'ont que 3/4 de ligne de long, et n'avancent
que d'une demi-ligne ; elles sont quadricarénées obliquement, armées à leur base d'une forte dent, arquées, garnies de fossettes en dessus ; elles ne sont pas
si rapprochées à la base que dans le mâle, et elles offrent
dans leur intervalle le prolongement du labre transversal, corné, qui recouvre les parties de la bouche. Les
antennes n'atteignent que la moitié du corselet ; leur
premier article est presque droit, et les derniers en
massue.

Corselet de la même couleur que la tête, différant
beaucoup du mâle. Bord antérieur droit, mais à angles
latéraux un peu saillants ; les côtés s'élargissent jus-

qu'au-delà du milieu, où ils forment un angle obtus, et se rétrécissent spontanément en rentrant légèrement en dedans. Surface unie, sans impressions, mais parsemée de quelques points épars.

Elytres d'un brun rougeâtre au milieu.

Tout le dessous est noir, guilloché de fossettes profondes jusque sur la partie moyenne de la poitrine et du ventre, qui est lisse. Sternum plus saillant que chez le mâle. Cuisses et tarses noirs ; jambes antérieures munies en dehors de trois dents noires ; les postérieures ont au milieu une épine noire externe.

Je possède une variété du mâle ressemblant beaucoup à la femelle : la forme de la tête et du corselet tient le milieu entre celle des deux sexes ; mais les mandibules, qui caractérisent le sexe, ont plus de deux lignes de long ; elles sont droites, et leur pointe est un peu arquée en dedans : leur bord interne est large, mince, non denté.

## 2. *Lucanus vittatus.*

L. ater, thorace bicarinato, elytris vitta holosericea fulva ;
Fœm., mandibulis brevissimis, clypeo tuberculato.

Chili, Conception.

Le seul individu que je possède est une femelle qui a 6 1/2 lignes de longueur.

Corps entièrement noir. Tête plus large que longue, presque moitié aussi large que le corselet, tronquée en avant, arrondie à ses angles antérieurs, élargie sur les côtés au milieu, très carénée au devant des yeux : sa surface est grossièrement ponctuée, bombée en avant et sur les côtés ; un espace triangulaire, aplati, qui se trouve enclavé par deux carènes élevées et lisses, prenant leur origine aux angles antérieurs et se dirigeant obliquement en arrière et en dedans, est garni d'un petit tubercule comprimé, placé au milieu du bord antérieur. Les yeux, petits, globuleux, sont très peu recouverts antérieurement par les bords latéraux de la tête. Mandibules très courtes, épaisses, larges, arquées en dedans, quadricarénées obliquement, sillonnées en dessus et en dehors, ponctuées, armées à leur base d'une dent large, mais ayant peu de consistance. Le labre petit, peu saillant, placé sous le chaperon, se dirige entre les mandibules. Les antennes atteignent la moitié du corselet ; le premier article presque droit, un peu plus long que les suivants pris ensemble, les trois derniers en massue.

Corselet plus large que long et presque plus large que les élytres, tronqué droit en avant, non bordé ; ses angles antérieurs larges, pointus, un peu saillants ; ses côtés assez fortement dilatés au milieu, un peu relevés ; ses angles postérieurs obtus ; bord postérieur non bordé, droit au milieu, un peu oblique sur les côtés qui se dirigent en avant. Sa surface est divisée en trois espaces par deux carènes longitudinales, élevées, luisantes, légèrement ponctuées : les intervalles sont mats, garnis de fossettes légères, rapprochées, au fond desquelles se trouvent de petites écailles d'un jaune mat ; celui du milieu est peu profond, les latéraux sont inclinés obliquement. Écusson large, lisse, nu.

Élytres se dirigeant en ligne droite depuis les angles huméraux, qui sont obtus, jusqu'au milieu, se rétrécissant ensuite assez fortement jusqu'à leur extrémité, qui est obtuse : elles sont étroitement bordées, fortement bombées ; elles ont, au milieu de leur partie antérieure, une élévation longitudinale qui va s'enclaver dans la cannelure du corselet, mais qui commence déja à disparaître un peu au milieu des élytres. Elles sont garnies de fossettes peu profondes, qui offrent dans le fond de petites écailles d'un jaune mat, placées très près l'une de l'autre. Depuis les épaules jusqu'à leur extrémité, on voit des stries étroites, d'un brun rougeâtre, formées par des écailles allongées, placées verticalement, tellement pressées l'une contre l'autre vers la suture, qui est lisse et élevée, qu'elles ont l'air d'y être réunies. Ailes incomplètes, très courtes.

Tout le dessous du corps est lisse jusqu'au milieu : le ventre est ponctué sur les côtés, marqué de petites fossettes profondes que l'on observe aussi sur le sternum ; le bord antérieur du dessous du cou est frangé de rouge brun, le reste du corps est nu. Pattes courtes, noires ; cuisses un peu épaisses, ponctuées ; jambes antérieures aplaties, s'élargissant vers l'extrémité, garnies en dessus de deux rangées de points, armées extérieurement, au milieu, de trois petites dents, et de deux grosses à l'extrémité : entre ces dernières il y a des soies jaunes ; jambes postérieures coniques, ayant des rangées de soies jaunes et une épine au milieu de leur bord externe ; tarses d'un brun foncé.

### 3. *Psammodius cylindricus.*

.Ps. ater, thorace rude punctato, basi sulcato ; elytris

profundè punctato striatis, interstitiis planis, serie
punctorum obsoleta.

Ile Unalaschka. — Sous les pierres, dans les montagnes. Rare.

Il a près de 2 lignes de long.

Noir, et très semblable au *Ps. sabuleti*. Tête grande,
large, bombée, garnie de points très gros et serrés, lisse
à la nuque, ayant au milieu une fossette ponctuée; bord
antérieur étroitement relevé et un peu échancré. Palpes et
antennes jaunes, ces dernières terminées en massue, d'une
couleur plus foncée. Corselet court, non rebordé antérieurement, ayant les bords lisses, bruns, transparents;
angles antérieurs courts, pointus; bords latéraux rebordés, se dirigeant droit d'avant en arrière, mais un peu
plus étroits en avant; angles postérieurs obtus, bord postérieur étroitement rebordé, arqué; surface fortement
voûtée en travers, garnie de points gros et serrés, ayant
au milieu un large sillon qui s'étend du bord postérieur
jusqu'au milieu; on voit à chaque angle antérieur une
grande fossette peu profonde, qui est la cause de la
faiblesse du bord latéral. Écusson allongé, lisse.

Élytres deux fois aussi longues que la partie antérieure
de la tête, aussi larges à leur base que le corselet, s'élargissant un peu au-delà du milieu, arrondies à leur extrémité, tombant fortement sur les côtés et en arrière, faiblement bombées seulement sur le dos; leurs stries
consistent en des points grands, peu enfoncés, très rapprochés, placés dans un petit sillon (comme chez le *Sabuleti*). L'intervalle des rangées de points est plat, et
dans son milieu on remarque une rangée de points peu

distincts, éloignés les uns des autres. Dessous du corps noir, lisse, luisant, nu. Pattes d'un brun de poix, ayant l'extrémité des jambes antérieures plus claire et garnie de trois dents larges, non aiguës. Quant au reste, il a la forme du *Salubeti*.

## 4. *Trox brevicollis.*

Tr. ater, capite bituberculato, thoracis elytrorumque marginibus integerrimis, brevissime ciliatis ; elytris tuberculatis seriatis deplanatis lævibus glabris.

Chili, Conception.

Longueur, 6 1/2 lignes.

Entièrement noir en dessus, d'un brun foncé en dessous. Tête garnie antérieurement par un bord parallèle, à sillon profond, fortement relevé, échancré dans son milieu ; toute sa surface fortement ponctuée ; sa partie moyenne bombée, ayant au milieu deux tubérosités oblongues. Antennes courtes, noires ; leur premier article longuement velu ; massue ovale, grise. Yeux blancs.

Corselet large de 2 lignes 3/4 à son bord postérieur, long de 1 1/2 ligne au milieu, et de moins d'une ligne dans la partie la plus étroite de ses côtés ; bord antérieur tronqué, presque droit, empiétant un peu sur la tête, légèrement arqué ; angles antérieurs saillants, obtus ; bords latéraux, courts, longuement ciliés, non bordés, s'élargissant subitement en avant, et se prolongeant en ligne droite en arrière ; angles postérieurs obtus ; bord postérieur formant un angle obtus, dont les côtés se dirigent un peu en avant en ligne droite : surface bombée transversalement, garnie de points gros, serrés, et de plusieurs élévations luisantes, un peu ponctuées ; la ligne médiane commence depuis le bord antérieur en forme de bourrelet mince, se dirige droit en arrière, s'élargit un peu dans le milieu, où elle offre une fossette médiane, puis se dirige au - delà du milieu du corselet en forme de pointe : l'on voit un second bourrelet carré, oblong, au bord postérieur, placé très près du précédent, cependant un peu plus latéralement ; un troisième est placé entre les précédents et les bords latéraux, dans le milieu, et il a aussi son insertion au bord postérieur ; immédiatement au devant de celui-ci, il y a une petite élévation arrondie ; la moitié postérieure de la ligne médiane est formée par une arête faible, longitudinale ; une impression profonde, partant de l'angle antérieur, se dirige obliquement vers le milieu de chaque côté. Écusson petit, allongé, étroit, assez uni, orné sur les côtés d'un duvet brun.

Les élytres ont 5 lignes de longueur, s'élargissent fortement en arrière des épaules jusqu'à leur extrémité, où elles sont arrondies ; dans leur partie moyenne, elles ont un bord large aplati ; elles sont fortement bombées transversalement, garnies de neuf rangées de tubercules nus, lisses et peu saillants ; les troisième, cinquième et septième rangées, à compter de la suture, consistent en gros tubercules, alternant avec quatre rangées de tubercules moitié moins grands ; en dehors de ceux-ci on trouve encore, près de la suture et de leur bord, une rangée de petits tubercules : entre deux rangées de tubercules, on trouve toujours une rangée de gros points

distants les uns des autres ; les deux rangées de points
les plus proches de la suture, et les deux autres en dehors du bord, se dirigent en ligne droite, mais les deux
moyennes vont en serpentant. On remarque aussi une rangée peu distincte de très petits grains, sur le bord large,
déprimé, des élytres ; le bord externe est non denté, et
très brièvement cilié. Tête garnie de poils noirs en dessous ; cuisses antérieures larges, garnies de cils noirs,
ainsi que toutes les jambes ; jambes antérieures dilatées
à leur extrémité et échancrées : on remarque en outre,
dans leur milieu, une petite dent obtuse, externe.

## 5. *Melolontha pellita.*

(Fam. 1, sect. 1, subdiv. 2, Schönh. syn. ins.)

M. rufo castanea, flavo-pilosa; pilis supra reclinatis,
clypeo reflexo, subintegro, capite carina transversa,
palpis maxillaribus filiformibus ; malleolo nullo.

**Brésil, Sainte-Catherine.**

Il a 6 à 7 lignes de longueur, et offre la forme du
*M. œquinoxialis.*

Tout le corps d'un rouge brun, avec les poils assez
longs et d'un jaune brunâtre. Tête rétrécie en avant,
peu bombée, guillochée fortement de fossettes rapprochées, assez fortement velue ; poils un peu couchés en
arrière ; vertex circonscrit transversalement par une
carène lisse, droite ; son bord antérieur relevé, un peu
échancré chez la femelle, mais presque pas chez le
mâle ; angles latéraux entièrement arrondis. Palpes

antérieurs filiformes ; leur dernier article une fois aussi long que les précédents pris ensemble, de forme lancéolée ; les trois feuillets de la massue des antennes sont droits, longs, étroits, surtout chez le mâle.

Corselet moitié plus large que long, tronqué droit antérieurement, à angles antérieurs déprimés, mais saillants ; côtés fortement dilatés au milieu, bordés et relevés, très peu distinctement entaillés ; angles postérieurs arrondis, bord postérieur formant un arc saillant en arrière ; surface fortement bombée, à points serrés et gros, avec une fossette noirâtre, légère, dans la rainure de chaque bord latéral : les poils du corselet sont serrés ; les uns sont placés plus en arrière que sur la tête ; les autres, surtout en avant, sont droits. Écusson large, ponctué et garni de poils placés en arrière.

Élytres un peu plus larges que le corselet, environ quatre fois aussi longues que ce dernier, s'élargissant immédiatement derrière les épaules, se rétrécissant en arrière, arrondies à leur extrémité ; épaules très saillantes, côtés étroitement rebordés, avec une impression profonde, parallèle au bord postérieur ; surface garnie de fossettes légères, offrant dans leur milieu une petite écaille, et entre celles-ci, des rides transversales ; plus loin, trois lignes longitudinales, puis trois lignes longitudinales bien ponctuées, mais non ridées ; suture un peu élevée ; la plus grande partie des poils des élytres courts, presque couchés ; les autres poils des lignes longitudinales et de leur bord plus longs et presque droits.

En dessous, le corps est finement ponctué, et garni de poils couchés en arrière ; ceux de l'anus sont très longs

Segment anal, large, obtus à son extrémité, voûté, garni de petites impressions annelées, et, dans son milieu, d'une ligne longitudinale lisse, un peu élevée chez le mâle, et de poils, dont les uns sont courts et couchés, et les autres longs et droits. Pattes très velues, ponctuées; cuisses postérieures des femelles très épaisses ; jambes antérieures courtes, armées à leur extrémité de crochets courbés en dehors, et d'une dent extérieure, au devant de laquelle on remarque, surtout chez la femelle, une échancrure allongée ; l'épine interne manque entièrement ; jambes postérieures ayant à leur extrémité deux épines d'égale longueur. Le dernier article des tarses de toutes les pattes a deux longues épines en dessous, à sa base ; la dent interne de chaque crochet, qui se trouve placée au devant de leur pointe, est de même longueur, mais une fois aussi large qu'elle.

## 6. *Melolontha palpalis.*

( Fam. 1, sect. 1, subdiv. 2. )

M. rufo-ferruginea, supra glabra ; pectore flavo villoso, clypeo apice bidentato, palpis maxillaribus articulo ultimo maximo excavato, tarsis anterioribus dilatatis.

Chili, Conception.

Long de 6 lignes ; largeur des élytres de plus de 3 lignes.

Surface du corps non velue, d'un rouge-brun ainsi que les pattes ; dessous d'un jaune brun. Tête courte, large, voûtée et lisse à sa partie nue ; le reste, grossièrement ponctué, fortement enfoncé au devant de son bord antérieur ; bord antérieur relevé et profondément échancré ; l'échancrure des bords antérieur et latéraux forme deux grosses dents noires. Palpes antérieurs d'un brun jaunâtre, ayant leur dernier article très grand, ovale, excavé à son extrémité ; les trois feuillets de la massue des antennes, jaunâtres, ovales, allongés, assez droits.

Corselet beaucoup plus large que long, coupé droit antérieurement, ayant un sillon parallèle au bord antérieur ; ses côtés étroitement bordés, fortement dilatés au milieu ; angles postérieurs arrondis ; bord postérieur dilaté au milieu ; surface médiocrement bombée, à points grossièrement épars ; la moitié postérieure de la ligne médiane et une tache au bord postérieur sont lisses ; la moitié antérieure de la ligne médiane est excavée. Écusson grand, arrondi à l'extrémité ; chez quelques-uns entièrement lisse, chez d'autres un peu inégal, recouvert à sa partie antérieure par des poils placés au bord postérieur du corselet.

Élytres un peu plus larges à leur base que le corselet, fortement dilatées au milieu, arrondies à l'extrémité ; bombées, grossièrement ponctuées ; ayant quatre lignes longitudinales élevées et lisses ; suture épaisse et en forme de bourrelet. Dessous du corps finement ponctué et recouvert d'un duvet fin, jaune, qui devient très long sur la poitrine ; partie latérale et dessous du cou presque nus. Segment anal cordiforme, assez aplati, ponctué çà et là et glabre. Pattes garnies de rangées de poils longs, fins ; cuisses postérieures aplaties ; jambes antérieures armées extérieurement de trois fortes dents et d'une épine à leur extrémité interne ; les quatre premiers articles des tarses antérieurs fortement dilatés, cordiformes, et couverts en dessous d'un duvet serré, jaune ; articles des tarses postérieurs très allongés et filiformes. Chaque crochet est garni à sa base d'un tubercule sétifère et bifide à son extrémité ; dent apicale plus longue et se rétrécissant brusquement en biseau à sa pointe.

### 7. *Anomala smaragdina.*

A. supra viridi-aurichalcea, subtus, femoribus, thoracis pygidiique marginibus externis fusco-auratis, capite thoraceque densè punctulatis, elytris vagè punctulatis, seriebusque punctorum plurimis.

De l'île Luçon, près de Manille.

Longueur, 1 pouce.

Il ressemble beaucoup au *Melolontha viridis*, mais encore plus au *M. splendens*, Gyll. (Schönhnerr, S. I. 3, App. 153), dont il diffère par sa couleur d'un brun doré, par la ponctuation plus serrée du corselet, et par beaucoup de rangées de points sur les élytres. La couleur du dessus est d'un vert-pré foncé avec un fort reflet jaunâtre, oléagineux. Tête presque carrée, faiblement bombée, ponctuée uniformément et assez fortement. Chaperon court, large, carré, à bords relevés, partagé par une ligne droite, fortement ponctué ; avec le bord antérieur coupé droit et les angles arrondis. Antennes d'un rouge brun ; premier article grand, d'un vert luisant ; massue longue, d'un brun foncé.

Corselet court, coupé en arc intérieurement ; angles antérieurs émoussés, bords latéraux fortement dilatés au milieu ; partie antérieure et postérieure des bords latéraux en ligne droite ; angles postérieurs en angle droit, bord postérieur faiblement échancré en arc sur les côtés, parties latérales et bords antérieur et postérieur élevés et rebordés étroitement, ainsi que les bords latéraux ; surface faiblement bombée, également mais faiblement ponctuée, ayant au milieu une impression longitudinale peu marquée, et une fossette de chaque côté ; bords latéraux redressés, avec une bordure étroite brune, qui renferme un liséré vert jaunâtre ; vus de côté, les bords latéraux du corselet sont d'un vert jaunâtre. Écusson assez grand, presque imperceptiblement ponctué, à bord postérieur d'un rouge cuivreux.

Élytres un peu plus larges que le corselet, tronquées presque droit en arrière, à côtés fortement bordés, garnies de plusieurs rangées de points fins ; on en remarque une près de la suture, et environ dix autres entre leur milieu et le bord externe, qui se dirigent jusque vers le bord postérieur ; entre elles sont placés de gros points éparpillés de loin en loin ; convexité terminale des élytres faible. Dessous du corps, d'un brun jaunâtre à reflet doré ; sternum et côtés de la poitrine grossièrement ponctués, garnis de poils courts, bruns ; centre de la poitrine lisse et sans poils. Segments de l'abdomen finement ponctués çà et là, sans poils, et d'un vert changeant à la base ; segment anal triangulaire, bombé, sans poils, ayant la partie antérieure et médiane d'un vert métallique, avec de faibles rides longitudinales au milieu et quelques points ; segment postérieur large, jaune brun à reflet doré, rugueux ; anus avec des rangées de poils.

Pattes sétifères ; cuisses d'un brun jaune, à reflet doré ; cuisses postérieures très larges et aplaties ; le reflet des pattes d'un vert métallique cuivreux ; jambes antérieures ayant un appendice terminal long, peu aigu, une dent obtuse externe, et une épine courte placée en dedans, presqu'au milieu : dernier article des tarses long, courbé, comprimé, ayant en dessous, au milieu, un tubercule : crochets inégaux ; les crochets internes des quatre tarses antérieurs assez droits, bifides à leur extrémité ; crochets externes fortement cambrés, simples ; crochets internes des tarses postérieurs peu cambrés, ainsi que les externes, simples et aigus.

## AULACODUS.

Maxilla cornea, apice sulcata, intus dilatata, ciliata.

Labium transversum.

Tarsi antici articulis quatuor ultimis dilatatis.

Spina perpendicularis inter femora antica.

De la famille des Scarabéides, à antennes de dix articles. Les caractères donnés ci-dessous distinguent l'*Aulacodus* de l'espèce brésilienne du genre *Anomàla*, qui est le genre le plus près de celui-ci. Voici les caractères de la bouche :

Labrum corneum, clypei apice inflexo insertum, ab eo carina transversa distinctum, inflexum, triangulare apice truncato, labii apicem contingens, hoc os medio claudens.

Mandibula cornea, brevis, obtusa, intus cultratim dilatata, medio longe pilosa, ante apicem profunde emarginata.

Maxilla processu interno compresso, rotundato, densè ciliato ; processu apicali crasso, quadrangulari, apice subtruncato sulcisque duobus profundis transversis exarato, extus pro palpi capituli receptione quoque excavato.

Labium corneum, transversum, apice medio productum; ipso apice truncato.

Ligula membranacea, triangularis, transversa, ciliata, labio intus adnata.

Palpi filiformes, breves : maxillares longitudine processus apicalis maxillæ, articulis tribus basalibus brevibus oblongis, ultimo elongato cylindrico; labiales brevissimi in excisura labii prima apparentes, articulis duobus basalibus ovatis, ultimo oblongo.

Antennæ decemarticulatæ, clavato lamellatæ; articulo primo maximo clavato, secundo crasso ovato, tribus sequentibus tenuibus elongatis, duobus antè clavam brevissimis transversis, clava triarticulata elongata, acuminata.

## 8. *Aulacodus flavipes*. (Tab. 1, fig. 2.)

Longueur, 5 1/2 lignes.

Tête, corselet et élytres, glabres en dessus, noirs, avec un fort reflet verdâtre chez les uns et cuivreux chez les autres. Tête large, bombée en arrière, aplatie en avant, grossièrement ponctuée çà et là, un peu ridée au bord antérieur; front très court, large, séparé de la tête par une ligne droite, peu marquée, grossièrement ponctuée; bord relevé, coupé presque droit en avant, à angles arrondis. Yeux gros, globuleux, recouverts en avant par une ligne cornée étroite. Antennes et palpes d'un rouge brun.

Corselet une fois plus large que long, droit en avant, non bordé, à angles antérieurs saillants, pointus; côtés fortement dilatés au milieu, à bords épais; angles postérieurs en angle droit aigu; bord postérieur un peu arqué, et épais sur ses côtés; surface un peu bombée transversalement, ponctuée grossièrement et irrégulièrement. Écusson assez grand, large, pointu, ayant deux rangées de gros points sur ses côtés, verdâtre ou cuivreux.

Élytres beaucoup plus étroites à leur base que le milieu du corselet, un peu dilatées au milieu, arrondies postérieurement, fortement bombées en arrière et sur les côtés, garnies à leur surface de plusieurs doubles rangées de gros points ; on trouve, en outre, une simple rangée de points grossiers dans quelques intervalles ; près de la suture les rangées de points deviennent confuses. Dessous du corps d'un brun foncé, ponctué, recouvert de poils courts, serrés, blancs ; segment anal de la même couleur, avec peu de poils, large, fortement bombé, ridé transversalement. Entre la base des cuisses antérieures, il y a une épine noire, perpendiculaire, dont la pointe est recourbée en arrière. Ailes complètes.

Pattes jaunes, à jointures et tarses bruns ; cuisses non renflées, les antérieures principalement sont velues ; jambes antérieures tridentées extérieurement, ayant une épine terminale longue ; jambes postérieures épaisses, avec des rangées d'épines transversales et deux épines à leur extrémité ; premier article des tarses antérieurs épais, court, en massue ; le second très large, aplati, cordiforme ; les deux suivants de la même forme, mais toujours un peu plus petits ; le dernier, large, aplati, à bord latéral interne droit et fortement arqué à l'extérieur. Crochets ayant leur pointe dirigée en dedans, inégaux, faibles ; l'un d'eux, à tous les tarses, est un peu plus fort et bifide à l'extrémité, savoir, l'interne aux tarses antérieurs, et l'externe aux tarses postérieurs ; vus en dessus , les tarses du côté droit ont leur crochet gauche fendu , et les tarses du côté gauche ont leur crochet droit fendu.

## 9. *Cetonia pretiosa.*

C. viridis , splendidissima , capite spina incumbente , clypeo reflexo bidentato , thoracis macula elytrorum que fasciis duabus latis , atris , tibiis rufis.

De l'île Luçon , près de Manille.

Longueur, 10 lignes. Appartient à la première division des Cétoines, genre *Goliath* de Lamarck.

Couleur générale du corps, d'un vert d'émeraude, ayant près du corselet et en dessous du corps un faible changeant doré très luisant. Tête plus longue que large, carrée, tachetée de quelques points noirs, ayant au milieu une élévation longitudinale qui se termine en avant par une pointe obtuse, légèrement dentée de chaque côté ; sur chaque bord latéral se trouve une arête saillante, s'étendant jusqu'au bord antérieur ; au devant de son épine médiane, le chaperon est profondément échancré ; son bord antérieur, fortement relevé, se dirige presque verticalement en l'air, avec deux petites dents au milieu. Yeux en partie recouverts par une carène mince, cornée. Antennes courtes, noires, à massue allongée, mince, plus longue que le reste de l'antenne ; d'un rouge brun.

Le corselet est presque une fois aussi large que long en arrière, rétréci en avant, tronqué droit ; ses bords latéraux s'élargissent fortement vers le milieu, et sont ensuite d'égale largeur jusqu'aux angles postérieurs qui sont obtus ; ils sont étroitement relevés, à partir de l'angle antérieur jusqu'aux deux tiers ; bord postérieur ayant au milieu une légère échancrure, et deux autres latérales et plus prononcées ; surface faiblement bombée, avec quelques points noirs épars ; on voit au milieu une grande tache transversale, noire, luisante, échancrée faiblement en avant. Écusson allongé, pointu, lisse, sans tache.

Élytres plus larges antérieurement que le corselet, un peu échancrées postérieurement, puis devenant successivement plus étroites, arrondies à leur extrémité, et formant un angle aigu à leur suture ; côtés rebordés, ayant une partie mince abaissée, et se terminant postérieurement en forme de bosse. Suture fortement élevée à sa partie postérieure, et séparée en cet endroit, par une ligne enfoncée, du reste de la surface qui est lisse et aplatie. Une grande tache noire, carrée, luisante, comprend l'espace situé entre la base du côté cannelé et le bord interne de l'écusson, et s'étend jusqu'au tiers des élytres : une seconde tache noire, transversale, placée sur leur tiers postérieur, touche le bord à son origine où elle est étroite ; elle s'élargit ensuite tout à coup, forme en arrière une dent obtuse, dirigée en dehors, et s'étend jusqu'à la suture qu'elle recouvre aussi.

Dessous du corps nu, avec quelques points noirs épars ; dessous du corselet avec des traits longitudinaux courts, noirs. Sternum étroit, égal partout, atteignant jusqu'à la base des cuisses antérieures ; sa pointe terminale est arquée en dessus ; il n'a qu'une suture transversale.

Épaulettes petites et peu distinctes, l'insecte étant vu en dessus. Cuisses d'un vert luisant, avec des points noirs épars, d'où sortent des soies courtes, jaunes; face inférieure du corps noire. Jambes d'un rouge brun, avec leur extrémité noire; les antérieures ayant en dehors une dent obtuse, les postérieures ayant une rangée de poils jaunes en dedans; tarses noirs.

### 10. *Cetonia fasciolata.*

C. atra, submetallica, clypeo integro, thorace rude-punctato, linea laterali striola punctoque utrinque albis, elytris subpilosis, bicarinatis; fasciolis plurimis luridis.

Du Brésil, Sainte-Catherine.

Longueur, 5 1/2 lignes. Forme de la *C. hirta.*

Couleur principale, noire, à reflet métallique, cuivreux sur la tête et le corselet. Tête oblongue, plate, nue, ridée, avec une fossette allongée de chaque côté, large sur les côtés, bordée étroitement en avant, presque arrondie. Antennes noires, massue grosse, ovale.

Corselet long, à côtés rebordés, ayant un angle dilaté au centre, fortement échancré en arrière sur l'écusson; faiblement bombé, nu, épais sur les côtés, garni, vers le milieu, de petites fossettes éparses; lisse dans sa longueur moyenne. L'excavation de ses bords externes, un trait longitudinal court, placé de chaque côté sur le milieu, et un point, sont garnis d'écailles d'un blanc sale. Écusson assez grand, lisse, nu, ayant une impression de chaque côté de sa base; bord antérieur recouvert de poils jaunes, que l'on voit aussi sous le corselet.

Élytres plus larges à leur base que le corselet, à échancrure latérale forte, presque obtuses en arrière, à tubercules huméraux grands ; deux lignes larges, lisses, aplaties, élevées, commencent en avant d'une manière peu distincte, se prolongent l'une près de l'autre sur le milieu des élytres, directement en arrière, et se réunissent là à une petite tubérosité ; un espace triangulaire, lisse, avec quelques points près de l'écusson : sur le premier intervalle se trouve un sillon longitudinal, fin, et plusieurs fossettes légères ; ces dernières se trouvent aussi sur le deuxième intervalle ; le troisième intervalle, ainsi que le bord postérieur, sont garnis de rides serrées, fines, transversales. Toute la surface est parsemée de petits poils courts, jaunes ; ils forment de petites bandelettes courtes, vermiculées, résultant d'écailles d'un blanc sale ; entre la ligne moyenne externe, élevée, et la suture, il en existe trois, l'une derrière l'autre, dont l'antérieure est placée non loin du centre ; il y a, au bord externe, plusieurs petits traits transversaux, des points écailleux, et une bande très anguiforme, qui s'étend depuis le bord externe jusqu'à la ligne élevée interne.

Dessous de la tête, du corselet, côtés de la poitrine, et premier segment de l'abdomen, garnis de longs poils, serrés, jaunes ; il y a aussi quelques poils aux bords externes des autres segments abdominaux : les autres parties sont lisses, avec quelques points épars. Sternum large, faiblement bombé, arrondi en avant. Pattes velues :

jambes antérieures bidentées en dehors ; jambes postérieures ayant en dehors et au milieu une forte dent.

La *Cetonia variegata*, F<sub>ABR</sub>., ressemble beaucoup à cette espèce.

### 11. *Aphodius aleutus.*

A. capite trituberculato, ater ; thoracis densè punctati angulis, elytris pedibusque rufo-piceis, elytrorum striis punctatis, interstitiis seriebus punctorum subtilissimis.

De l'île d'Unalaschka.

Longueur, 2 2/3 lignes. Forme de l'*Aph. fimetarius*. Tête noire, ponctuée, un peu relevée en avant et légèrement échancrée ; ayant dans les deux sexes trois tubercules sur une faible ligne transversale : tubercule moyen du mâle, transversal et plus élevé que les latéraux ; lisse chez la femelle dans sa longueur. Antennes et palpes bruns ; ceux-ci ont le dernier article noir.

Corselet large, fortement bombé chez le mâle., à angles antérieurs non saillants ; bord postérieur, doublement et légèrement échancré, marqué de points gros et égaux : il est noir, avec une grande tache d'un rouge brun aux angles antérieurs ; bords latéraux, chez la femelle, étroits et roussâtres. Écusson médiocre, pointu, noir, et grossièrement ponctué.

Élytres du mâle moins larges que le corselet, fortement bombées, légèrement striées ; il y a des impressions transversales dans les stries, et, dans les intervalles, deux rangées très régulières de points très fins, éloignés les uns des autres. Couleur d'un brun rouge sale ; suture un peu noirâtre. Dessous du corps noir, ponctué ; anus velu. Pattes d'un rouge brun ; jointures noirâtres : jambes antérieures armées de trois dents longues et arquées.

## 12. *Copris assifera.*

C. atra, clypei apice reflexo bidentato, elytris striatis ; mas, thorace medio prominente bilobo, capite lamina alta transversa ; fœmina, mutica.

Du Brésil, Sainte-Catherine.

Longueur du mâle, 9 lignes. La description suivante est celle d'un mâle, trouvé en compagnie de deux femelles ; ces dernières manquaient de chaperon et de saillie du corselet lorsque je les reçus : je ne puis donc pas en parler.

Corps entièrement noir, luisant. Tête rhomboïdale ; ses bords latéraux postérieurs se portent plutôt en avant des yeux que sur leurs côtés ; elle est courte, droite et non bordée ; bords latéraux antérieurs longs, un peu arqués en dehors, médiocrement relevés ; elle a près de son centre deux grandes dents, saillantes, arrondies ; il y a au devant des yeux une surface transversale, élevée et superposée transversalement, qui est carénée et tronquée verticalement ; l'espace compris entre le sommet de cette surface et les dents terminales est fortement excavé. Palpes et antennes d'un rouge brun ; massue de ces dernières presque globuleuse, d'un jaune brun.

Corselet beaucoup plus large que long, étroitement bordé tout autour, à angles antérieurs pointus, très saillants ; côtés un peu dilatés au milieu, rétrécis en arrière ; angles postérieurs très obtus ; bord postérieur arrondi ; surface peu distinctement et finement ponctuée ; une fossette profonde de chaque côté, s'abaissant en avant et peu élevée ; la carène arrondie du milieu offre deux tubercules arrondis, placés l'un contre l'autre.

Élytres plus étroites à leur base que le corselet, un peu élargies au milieu, fortement bombées, mais moins dans leur centre que sur les côtés et en arrière ; assez fortement striées, stries offrant plusieurs petites impressions transversales ; intervalles garnis de points fins, serrés. Parties de la bouche, bord antérieur du dessous du cou, et base des pattes antérieures, d'un rouge brun, velus ; parties latérales du collier, poitrine et cannelures des pattes, noires, velues ; poitrine ponctuée. Jambes antérieures, avec quatre dents obtuses ; jambes postérieures dentées extérieurement en scie.

## 13. *Copris torulosa.*

C. atra, capite thoraceque tuberculato, obsoleto, clypeo transversim rugoso, thorace alutaceo, pectore excavato, metatarsis transversis, lunatis.

Du Chili, La Conception.

Longueur, 7 1/2 lignes.

Corps noir, luisant. Tête semi-lunaire ; bord antérieur faiblement recourbé, et légèrement échancré au milieu ; une ligne transversale élevée, courte et peu distincte, placée à la partie postérieure, qui est ponctuée ; toute la surface du chaperon ridée transversalement. Antennes d'un rouge brun ; massue allongée, grise.

Corselet plus large que long, légèrement bordé tout autour ; angles antérieurs saillants, tronqués obliquement en dehors ; côtés droits et d'égale largeur jusqu'au milieu, se prolongeant ensuite en ligne courbe ; angles postérieurs très obtus, bord postérieur arrondi ; toute la surface est granulée, et plusieurs de ces granulations s'unissent à des rides sur les côtés ; un petit tubercule transversal se voit en avant et au milieu ; en arrière se trouve une légère fossette, et derrière celle-ci un faible sillon longitudinal ; fossettes latérales très profondes, d'où s'étend jusqu'aux angles antérieurs une arête saillante.

Élytres un peu plus étroites à leur base que le corselet, un peu plus larges au milieu, fortement bombées, peu profondément striées, avec de petites impressions transversales dans leurs stries. Espaces intermédiaires élevés, voûtés, lisses, luisants. Tête et corselet velus, d'un noir brun en dessous, ainsi que les côtés de la poitrine et les pattes ; poitrine granulée, ayant dans toute sa longueur un enfoncement en forme de triangle, dont la base est en arrière, avec un sillon au milieu. Cuisses ponctuées ; jambes antérieures courtes, larges, ayant extérieurement trois dents obtuses ; elles sont arquées en dedans près de leur extrémité ; jambes postérieures, très larges à leur extrémité ; premier article des tarses postérieurs, très large, court, semi-lunaire ; l'appendice externe plus long que l'interne ; deuxième beaucoup plus petit, large, et à angles postérieurs aigus.

J'ignore si ces trois espèces appartiennent toutes au même sexe (peut-être *femelle*), car je n'ai point trouvé à ces Copris de caractère sexuel externe.

14. *Copris Babirussa.*

C. nigro-ænea, thoracis punctatissimi marginibus, femoribus vittisque pectoris flavis, elytris ferrugineis.

Mas. Capite cornubus duobus subarcuatis, clypeo
acuminato, reflexo.

Foem. Capite, carina transversa, obsoleta, clypeo rotundato, flavo.

De l'île Luçon, près de Manille.

Longueur du seul mâle que je possède, 3 lignes.

Surface nue. Tête noire, à reflet d'un vert luisant métallique, plate, grande, aussi longue que large, peu distinctement pointillée, ayant à la nuque, de chaque côté,
une corne large et plate à sa base, un peu courbée, surtout dès son origine, puis recourbée en dedans; les
côtés de la tête se dilatent en dehors au devant des
yeux, puis se dirigent droit en avant, et en même temps
qu'ils forment un grand angle obtus, ils se dirigent
en avant et en dedans; il résulte de là, que le chaperon
forme une pointe assez longue et entière, qui est recourbée sous un angle droit. Yeux oblongs, étroits, mé-
talliques en dessus, brunâtres en dessous. Antennes d'un
rouge brun; massue globuleuse, jaunâtre.

Corselet large, court, à angles antérieurs très saillants, pointus, côtés finement bordés, dilatés jusqu'au
milieu, se dirigeant en ligne courbe en arrière; angles
postérieurs peu distincts; bords postérieurs finement rebordés, arqués; surface fortement pointillée, très penchée en avant, presque lisse; un faible sillon s'étend au
milieu du bord postérieur jusqu'au centre; fossettes la-

térales, faibles ; couleur fondamentale, noire, avec un reflet vert cuivreux ; côtés jaunes avec deux points noirs, dont l'un sur les fossettes latérales, et l'autre placé plus en arrière ; bord postérieur, jaune, ainsi que le sillon du milieu, qui est étroit et court.

Élytres plus étroites que le corselet, finement striées ; les stries offrent un grand nombre de petites impressions transversales ; les intervalles sont pointillés, d'un jaune brun, plus clair au bord antérieur ; stries noires ; parties de la bouche, dessous du corselet et côtés de la poitrine jaunes et velus ; collier noir. Dessous du corselet, jaune en avant, noir postérieurement. Poitrine lisse au milieu, avec un sillon longitudinal, ponctuée sur les côtés, noire ; ayant en dehors, au devant de la base des pattes intermédiaires, une grande tache jaune, et à la moitié interne, une autre tache plus longue. Ventre et segment anal d'un jaune brun. Cuisses jaunes ; jambes et tarses bruns ; jambes antérieures, larges, ayant trois grandes dents courbées et une petite ; jambes postérieures ayant deux dents peu distinctes en dehors.

Je possède une autre espèce de *Copris* femelle, longue de deux lignes, qui n'est peut-être qu'une variété rare du *Babirussa* ; elle se trouvait sur le même tas de fumier que le mâle ci-dessus décrit. Le chaperon diffère de celui du mâle ; cependant ce n'est pas une raison pour contester son analogie, puisque l'on retrouve la même anomalie chez le *C. austriaca*. Tête plus courte que large, un peu saillante en avant, mais très arrondie, faiblement réfléchie, pointillée, ayant à sa nuque deux carènes transversales, courtes, placées sur une seule ligne ; nuque d'un vert foncé ; une ligne verte , s'étendant obliquement au devant des yeux vers le bord ; le reste, d'un jaune brun. Corselet aplati , bordé comme chez le mâle , plus fortement ponctué, noir, à reflet cuivreux ; bord antérieur étroit ; côtés larges et bord postérieur peu distincts, d'un jaune brun ; côtés ayant une tache libre, obscure, et une autre annexée à la couleur centrale. Élytres très fortement ponctuées, d'un brun sale uniforme ; dessous du corps et cuisses comme chez le mâle ; jambes jaunes à leur extrémité ; les antérieures minces, avec trois dents obtuses ; les tarses antérieurs manquent.

### 15. *Copris terminata.*

C. nigro-fusca, supra brevissime pilosa, clypeo rugoso, elytris maculis lateralibus apiceque flavis : macula atra apicali.

Mas. Clypeo reflexo, emarginato ; pygidio flavo marginato.

Foem. Clypeo truncato, plano, pygidio flavo.

De l'île Luçon, près de Manille.

Longueur, 1 1/2 à 1 4/5 ligne.

Corps aplati, déprimé, d'un brun de poix en dessous, d'un brun foncé en dessus, avec un reflet métallique sur la tête et le corselet. Corselet et élytres garnis de soies jaunes, très courtes et couchées en arrière, disséminées çà et là sur le corselet, mais formant des raies sur les élytres. Tête courte, large, plate, ponctuée de distance en distance sur la nuque, ayant près des yeux une carène peu élevée, courte, oblique. Chaperon ridé transversalement, arrondi chez le mâle, légèrement réfléchi et assez profondément échancré au milieu; aplati chez la femelle et tronqué presque droit en avant. Antennes rouges, à massue brune.

Corselet large, très court, non bordé en avant et en arrière; angles antérieurs un peu saillants, aigus; côtés à rebords larges, réfléchis, dilatés au milieu, puis se rétrécissant en se courbant légèrement en dedans; angles postérieurs obtus, bord postérieur arrondi; surface médiocrement bombée, légèrement ponctuée; fossettes latérales lisses.

Élytres un peu plus larges que le corselet, à stries ponctuées, luisantes, ayant les intervalles mats, avec deux rangées de soies; suture saillante et luisante; surface aplatie, noire, rarement d'un brun-marron, avec des taches d'un jaune rougeâtre, savoir : une petite sur les épaules (quelquefois non distincte); une seconde jaune, allongée, placée sur les côtés, derrière le milieu, et comprenant toute la partie penchée du bord postérieur; sur ce dernier se trouve aussi, dans le milieu, une petite tache transversale noire.

Dessous d'un brun de poix, un peu velu; poitrine ponctuée; segment anal du mâle, brun, à bords jaunes, mais entièrement jaune chez la femelle. Pattes d'un brun de poix; jambes antérieures du mâle, larges, avec quatre fortes dents; celles de la femelle, étroites, avec des dents peu distinctes.

## MEGATHOPA.

**Palpi labiales articulis duobus planis, basali quadrato maximo.
Labium transversum.
Tibiæ anticæ tarsis instructæ; mediæ intus apice bispinosæ.
Clypeus bidentatus.**

Ce genre appartient à la famille des Scarabéides, à antennes de dix articles, à jambes postérieures allongées et d'égale largeur partout.

Labrum membranaceum, quadratum, sub clypeum reconditum.

Mandibula brevis recta, basi coriacea, apice membranacea, rotundata, ciliata.

Maxilla trunco corneo; laciniis membranaceis : externa semilunari maxima; interna oblonga angusta.

Ligula membranacea, labio intus adnata ejusque latitudine, bipartita : laciniis apice dilatatis rotundatis; paraglossis apice dilatatis acutis.

Labium corneum transversum, integrum.

Palpi maxillares filiformes; articulo ultimo elongato acuto, basi crassato; labiales labii apice inserti; articulo primo trapeziformi plano latissimo corneo, extus punctato piloso; ultimo minimo ovato glabro. (Tab. 1, fig. 3 *a*.)

Antennæ clavato lamellatæ, articulis novem; articulo primo longissimo basi apiceque clavato, secundo globoso, tertio quartoque oblongis clavatis, quinto sextoque brevibus triangularibus, tribus ultimis magnis clavam formantibus : clava subglobosa extus fere excavata.

### 16. *Megathopa villosa*. (Tab. 1, fig. 3.)

**Chili, Conception.**

Longueur, 11 lignes. Forme presque entièrement semblable à celle d'un *Ateuchus*.

Corps noir, luisant, glabre en dessus; tête très large, courte, à bord antérieur très arqué, faiblement réfléchi, à angles latéraux pointus; chaperon divisé sur les côtés

par un sillon oblique, qui se dirige vers le bord externe
et latéral de la tête, où il forme un petit angle arrondi,
saillant ; chaperon ayant à son extrémité deux grandes
dents arrondies, derrière lesquelles il est fortement excavé ; surface de la tête faiblement bombée, ponctuée,
un peu mate ; quelques fossettes légères sur le chaperon.
Antennes nues, d'un brun de poix ; massue grande,
jaune ; yeux petits en dessus et aplatis, globuleux en
dessous.

Corselet une fois aussi large que long, bordé étroitement tout autour ; bord antérieur légèrement échancré
au milieu ; côtés un peu saillants, tronqués droit ; angles antérieurs saillant un peu en dehors en angles
aigus. Les côtés se dirigent d'abord presque droit en
arrière, puis se dilatent fortement au milieu, et deviennent ensuite plus étroits ; angles postérieurs peu sen-
sibles ; bord postérieur presque droit au milieu, échancré
légèrement sur les côtés au-delà des épaules des élytres ;
surface faiblement voûtée, ponctuée partout d'une manière compacte et égale ; au milieu, une ligne longitudinale lisse, légère, et un petit tubercule de chaque
côté.

Élytres un peu plus étroites à leur base que le corselet,
et très abaissées sur les côtés ; au devant de leur milieu,
leur bord s'incline, se rétrécit beaucoup, et disparaît tout
à fait ; elles sont tronquées en arrière. Surface ayant neuf
lignes longitudinales, très fines, aplaties, peu distinctes :
la huitième est carénée à son tiers antérieur, et la neuvième atteint le milieu du bord externe ; la cinquième
s'unit à la sixième, la quatrième à la septième, et la

troisième à la huitième ; intervalles un peu ternes, avec des points très fins, luisants, épars ; sur le deuxième intervalle, il y a plusieurs fossettes transversales, placées les unes sous les autres ; ailes complètes.

Le dessous de la tête, le cou et la poitrine sont garnis de poils longs, fins, serrés, d'un jaune brun ; poitrine ponctuée. Cuisses antérieures épaisses, cuisses postérieures grêles, entièrement velues ; jambes antérieures, droites, ayant en dessus et en dessous une carène longitudinale, et en dehors, vers leur extrémité, trois dents très longues et pointues. L'espace entre les dents et le bord postérieur externe des jambes, fortement denté en scie ; leurs stilets (ou épines) courts, pointus, courbés en dehors ; jambes intermédiaires courtes, un peu en massue, tricarénées, avec deux petites dents pointues en dehors, une épine courte et large, en dehors à leur extrémité, et deux épines longues en dedans, dont une large et l'autre fine ; jambes postérieures assez longues, quadricarénées, un peu renflées au milieu, dentées en scie en dehors, ayant une épine courte, épaisse en dehors à leur extrémité, et une autre longue courbée en dedans placée au côté interne, et un faisceau de poils ; carène interne des jambes postérieures avec une rangée de soies jaunâtres. Tarses et pattes antérieures courts, cylindriques, d'un brun de poix, à premier et dernier articles plus longs ; tarses postérieurs noirs, comprimés, à articles garnis de soies brunes à leur extrémité ; crochets longs.

# DELTOCHILUM.

**Palpi** labiales articulis duobus primis magnis; basali introrsum hamato.

**Labium** subquadratum.

**Tibiæ** anticæ intus dentatæ (tarsis nullis).

**Thorax** antice profunde emarginatus.

De la famille des Scarabéides, à antennes de neuf articles, et à jambes postérieures allongées et d'égale largeur.

**Labrum** membranaceum, cordatum, sub clypeum reconditum.

**Mandibula** membranacea, brevis, obtusa.

**Maxilla** uti in *Megathopa* descripta.

**Labium** corneum, quadratum, basi angustatum.

**Ligula** labio intus adnata, bipartita; laciniis apice rotundatis.

**Palpi** maxillares elongati; articulis tribus brevioribus clavatis, ultimo longitudine præcedentium omnium simul sumptorum, basi apiceque attenuato; labiales articulis duobus basalibus maximis planis extus punctatis : articulo primo transverso intus hamato, secundo reniformi transverso, tertio minimo cylindrico elongato. (Tab. 1, fig. 4 a.)

**Antennæ** clavato lamellatæ, novem articulatæ : articulo primo longissimo basi apiceque incrassato, secundo globoso, tertio quartoque oblongis, quinto et sexto brevibus triangularibus, ultimis tribus magnis clavam elongatam conformantibus.

## 17. *Deltochilum dentipes.*

**D.** atrum, elytris rugosis, femoribus anticis, tibiisque posticis intus unidentatis. (Tab. 1, fig. 4.)

**Brésil, Sainte-Catherine.**

Long de plus d'un pouce, analogue à l'*Ateuchus gibbosus,* qui paraît aussi devoir appartenir à ce genre.

Corps d'un noir mat, glabre. Tête large, penchée; côtés ayant au milieu un angle très obtus, et en avant deux très petites dents un peu relevées, séparées par un grand intervalle un peu échancré ; surface finement ponctuée, ridée. Yeux aplatis en dessus, presque ronds et assez grands. Antennes d'un noir brun ; massue grise.

Corselet presque une fois aussi large que long, étroitement bordé tout autour, échancré profondément en avant et à l'insertion de la tête ; angles antérieurs pointus ; côtés fortement dilatés, presque en angle dans leur milieu ; angles postérieurs très obtus ; bord postérieur très fortement arqué en arrière : surface voûtée au milieu, avec les parties latérales assez aplaties ; très finement ponctuée et ridée, avec un sillon médian peu marqué en arrière : outre les deux fossettes ordinaires latérales, il y en a encore d'autres très légères vers le milieu et aux angles antérieurs.

Élytres beaucoup plus étroites que le corselet à leur base, soudées, à angles huméraux aigus ; dilatées au milieu, tronquées presque obliquement en arrière, tombant beaucoup sur les côtés ; à une demi-ligne du bord inférieur externe, se dirige parallèlement une carène faiblement arquée ; une seconde carène élevée commence aux angles huméraux, forme à son origine un arc dirigé verticalement, puis se dirige droit en arrière, et une troisième carène, également élevée, se dirige en dedans vers la précédente et la côtoie, mais à une ligne de distance, derrière les angles huméraux, elle s'écarte en arrière toujours davantage de la précédente, et se termine en une carène transversale au bord postérieur, qui porte en outre cinq carènes élevées, longitudinales, très courtes. Surface assez aplatie, un peu bombée d'avant

en arrière, garnie de rides transversales finement granulées, courtes et confuses, qui sont interrompues par
des stries longitudinales peu distinctes ; les rides sont
d'autant plus prononcées qu'elles sont plus près de la
suture.

Dessous lisse, garni de fossettes fines ; poitrine ayant
au milieu une fossette profondément sillonnée, rhomboïdale, garnie d'un petit tubercule à son extrémité antérieure ; sternum plat ; ventre ayant une plaque large,
luisante, élevée, pointue en avant et en arrière. Segment
anal vertical, plus long que large, à pointe arrondie et à
surface aplatie et mate.

Cuisses antérieures très épaisses, courtes, dilatées en
avant avec une grande dent au milieu du bord antérieur,
qui est brun et velu ; jambes antérieures, minces, cambrées en dedans, finement dentelées en dehors, avec trois
grandes dents obtuses à leur extrémité antérieure ; au
lieu d'éperon, une pointe obtuse, longue, arquée en
dedans ; au bord interne des jambes, une carène s'élargit et forme, vers leur base, un angle aigu, dentiforme.
Les tarses antérieurs manquent. Cuisses des pattes intermédiaires minces, courtes, droites, ayant une dent
large et très obtuse, en arrière de leur base ; jambes
courtes, fortement cambrées, quadricarénées, avec deux
épines à leur extrémité. Cuisses postérieures minces,
longues, fortement cambrées ; épine des cuisses avec une
dent aplatie, brune, velue, près du ventre ; jambes postérieures, très longues, minces, quadricarénées, courbées d'abord en dehors, puis vers le haut, ayant une
grande dent obtuse au devant de leur extrémité, et fai-

blement velue ; l'extrémité des jambes se prolonge latéralement en dedans, forme en arrière une dent obtuse,
et présente une épine en dedans. Les quatre tarses allongés, formés d'articles égaux entre eux, comprimés,
et armés de crochets longs, un peu courbés.

Pl. 1, fig. 4 *b*. *Deltochilum* vu de côté.

## 18. *Hydrophilus spinicollis*.

H. ater, antennis palpisque pallidis, elytris seriebus
punctorum paucis, sterno collari medio emarginato,
postice hamato.

Indes orientales.

Long de 6 1/2 lignes.

Très analogue à l'*H. caraboïdes*, mais plus petit,
plus mince et plus aplati; couleur du corps, noire, ayant
en dessus un léger changeant vert-olive. Tête conformée
comme celle de l'*H. caraboïdes*. Antennes entièrement
jaunes, à massue grisâtre. Palpes jaunes. Corselet presque
entièrement comme chez le *caraboïdes*, seulement plus
faiblement bombé ; bord antérieur très avancé au milieu,
et angles antérieurs bien moins arrondis, ce qui fait que
le bord latéral paraît assez droit. Écusson plus étroit que
chez le *caraboïdes*.

Élytres étroites, faiblement bombées, non penchées,
surtout en arrière, pointues à l'extrémité, très finement
ponctuées, avec cinq rangées longitudinales de gros
points épars ; dans chaque intervalle, deux rangées peu
distinctes de petits points. Ailes complètes. Dessous du
corps noir mat. Sternum ayant une lame élevée, com-
primée, arrondie antérieurement, échancrée au milieu,

et terminée par une forte épine arquée en arrière , comme chez le *caraboïdes* ; l'échancrure de cette lame , étant légère et située entre les pattes intermédiaires et posté- rieures , n'est distincte que quand on la considère de profil. Pattes d'un brun foncé ; cuisses antérieures d'un rougeâtre changeant ; tarses d'un rouge-brun.

### 19. *Hydrophilus semicylindricus.*

H. ater, semicylindricus , antennis pedibusque rufo pi- ceis , elytris dense punctato striatis , sterno collari inermi , pectorali antice processu magno separato.

Îles Sandwich (île Wahu ). Dans les forêts de Calladium esculentum.

Long de 4 1/2 lignes , et moitié aussi large.

Couleur noire , fortement luisante en dessus ; corselet et élytres presque d'égale largeur , et très bombés trans- versalement. Tête large , presque carrée , d'un cuivreux luisant , distinctement pointillée ; une fossette oblongue , fortement ponctuée , placée au côté interne des yeux ; plu- sieurs gros points près des angles antérieurs. Antennes d'un rouge-brun ; massue grise. Palpe d'un rouge-brun.

Corselet large , court ; bord antérieur très peu sail- lant au milieu ; côtés presque droits , angles arrondis ; surface finement ponctuée ; une ligne formée de quel- ques gros points , arquée en haut , non interrompue , se dirige presque du milieu jusqu'à l'angle antérieur ; une autre , plus courte , mais plus ponctuée , se voit à peu de distance de l'angle postérieur : écusson oblong , obtus , finement ponctué.

Élytres ayant dix rangées régulières de gros points, très serrés, parmi lesquelles, près de la base, entre la première et la deuxième, il y en a une très courte, les réunissant à la première; intervalles très finement ponctués. En outre, il y a, comme chez le *H. caraboïdes* et l'espèce précédente, quelques rangées irrégulières de gros points, surtout dans les troisième, cinquième, septième et neuvième intervalles.

Dessous du corps d'un brun-noir mat; chaque segment abdominal, ayant une tache d'un rouge-brun sur les côtés; segment anal ayant une incision à son extrémité.

Sternum cunéiforme, mutique; ses côtés offrent au devant des pattes intermédiaires un espace large, déprimé; derrière les pattes intermédiaires, il représente une carène longitudinale verticale, peu sensible; son extrémité postérieure est tricuspide et s'étend jusqu'entre la base des pattes postérieures. Pattes d'un brun de poix; les articulations sont d'un rouge-brun; toutes les jambes garnies de soies ferrugineuses et courtes.

### 20. *Elophorus auricollis.*

C. capite thoraceque viridi-aureis, punctato rugosis, thorace angulis acutis quinquesulcato : sulcis lævibus; elytris griseis, interstitiis striarum alternis carinatis.

Ile de Unalaschka.

Longueur, 1 1/2 ligne; un peu plus large que l'*H. granularis*, Linn., Gyll.

Tête large, presque triangulaire, ayant, entre les yeux, un sillon transversal arqué, d'où part un sillon longitudinal court, qui atteint le sommet de la tête. Chaperon grand, élevé en forte tubérosité au milieu ; surface entière d'un vert doré, et fortement ponctuée en forme de rides.

Corselet d'un vert doré, très large et court ; bord antérieur droit ; angles antérieurs saillants , larges, pointus, ayant leurs bords relevés ; côtés largement bordés, se rétrécissant en arrière ; angles postérieurs aigus ; bord postérieur non bordé, s'avançant fortement au milieu ; surface faiblement bombée en travers, ridée, ponctuée, ayant au centre cinq larges sillons luisants , lisses ; .les deuxième et quatrième vont en serpentant, et les externes ont, seulement au milieu, une saillie en dehors. Écusson noirâtre.

Élytres dilatées au milieu, pointues en arrière, d'un brun jaunâtre, avec une tache jaunâtre, peu distincte, au milieu ; garnies de stries formées de gros points très serrés ; les intervalles étroits, lisses, luisants ; les troisième, cinquième, septième et neuvième sont élevés en forme de carène. Dessous du corps noirâtre, mat ; segments abdominaux ayant des anneaux d'un gris blanchâtre et velus.

Antennes, palpes et pattes d'un jaune-brun.

Il diffère de l'*Eloph. aquaticus* Linn., par sa grandeur qui est moindre, par ses bords latéraux droits, et par les sillons lisses du corselet ; de l'*Eloph. granularis,* par un corps un peu plus large ; par la tête et le corselet, ridés et ponctués ; par les angles postérieurs du corselet aigus , et les intervalles élevés des stries des élytres.

21. *Ips lineola.*

I. lineari elongata, depressa, brunnea, elytris medio
striatis, lineola basali lunulaque media transversa tec-
sisque pallidis.

**Chili, Conception.**

Longueur, à peu près 2 lignes.

Corps étroit, aplati, d'un brun foncé, un peu luisant. Tête faiblement bombée, pointillée, une fossette
petite placée au devant de chaque œil et une grande sur
le sommet de la tête. Antennes d'un brun foncé, massue
grande, oblongue, aplatie, noire, garnie de petits poils
gris, fins. Yeux noirs.

Corselet un peu plus large que long, carré; bord antérieur droit, non bordé; angles antérieurs saillants,
larges, pointus en dehors; bords latéraux largement
bordés, très peu dilatés au milieu; angles postérieurs
pointus; bord postérieur étroitement bordé, sa partie
moyenne, droite, dépassant un peu les parties latérales;
surface assez fortement bombée sur les côtés, mais
presque pas au milieu; une fossette légère au milieu des
bords latéraux et aux angles antérieurs (comme chez la
plupart des autres espèces); côtés minces, d'un brun
plus clair que les autres parties. Écusson arrondi, un
peu ponctué.

Élytres un peu plus larges que le corselet, parallèles,
à angles huméraux pointus, avec les épaules élevées,
s'arrondissant tout à coup à leur extrémité; angle sutural postérieur pointu (chez mon individu); surface

légèrement bombée, presque aplatie en arrière, assez fortement pointillée ; dans le milieu, deux lignes longitudinales distinctes et une autre moins distincte, qui commencent à la base, mais n'atteignent point leur extrémité ; il y a une tache oblongue assez allongée, étroite, d'un jaune clair, placée au milieu de leur base, qui est presque partagée par une tache transversale d'un brun clair ; il y a une tache transversale large en avant, un peu échancrée, d'un jaune clair, placée au milieu des élytres.

Dessous du corps d'un brun de poix, assez grossièrement ponctué, et recouvert sur ses côtés de poils gris, clair-semés, très courts. Pattes d'un brun de poix ; tarses d'un brun jaunâtre.

## 22. *Nitidula musophaga.*

N. depressa, ferruginea, thorace elytris latiore, elytris sulcatis ; sulcis foveolatis, interstitiis carinatis, seriatim pilosis.

Brésil, Sainte-Catherine. — Dans un tronc de faux-bananier.

Elle a près de 3 lignes de longueur ; le corselet a 1 1/2 ligne de largeur.

Couleur de tout le corps d'un rouge-brun foncé en dessus, clair en dessous. Tête large, finement ridée, avec deux fossettes profondes, rapprochées ; chaperon étroit, carré. Yeux petits, noirs. Mandibules larges, triangulaires, en forme de coin. Antennes presque aussi longues que le corselet, d'un rouge-brun, à massue grande, arrondie, aplatie, noirâtre.

Corselet très large, court, profondément échancré en

avant ; le milieu du bord antérieur est un peu saillant et élevé ; angles antérieurs pointus ; côtés non bordés, très finement entaillés, s'élargissant avant le milieu ; angles postérieurs saillants, pointus ; bord postérieur assez droit au milieu : surface finement ridée ; on y remarque une petite partie centrale toute plate, faiblement bombée sur ses côtés, et une carène peu distincte, oblique, courant vers l'angle postérieur.

Élytres presque aussi larges que le corselet, se rétrécissant successivement jusqu'à leur extrémité qui est arrondie ; côtés non bordés, mais largement déprimés, aplatis, ponctués et ridés ; partie moyenne élevée, aplatie sur le dos, avec sept sillons longitudinaux, qui s'étendent jusqu'au bord postérieur et sont inégaux, étant séparés par des fossettes transversales et serrées ; intervalles carénés, ayant quelques rangées simples de poils jaunes, courts, rebroussés.

Dessous du corps et pattes ponctués, glabres ; sternum dirigé en arrière, ridé, large à son extrémité ; les tarses des quatre pattes antérieures sont recouverts en dessous d'un duvet jaune et long.

23. *Nitidula squamata.*

N. supra fusca, squamosa, subtus rufo-ferruginea, thorace antice profundè emarginato, scutello minuto rotundo, elytris dense punctato striatis acuminatis.

Ile Luçon, près de Manille.

Elle a 2 lignes de longueur.

D'un brun noirâtre en dessus, et d'un rouge-brun

foncé en dessous. Tête carrée, aplatie, tronquée droit
en avant, pointillée grossièrement, avec des écailles
courtes, larges, d'un brun-jaune à leur extrémité. Yeux
noirs. Antennes beaucoup plus courtes que le corselet,
d'un brun obscur, à poils gris ; massue pas très grande,
ovale, aplatie.

Corselet très large et court ; la partie moyenne du bord
antérieur est droite, ses angles antérieurs très saillants
et aigus ; les côtés s'élargissent en arrière, mais se cam-
brent en dedans, en avant des angles postérieurs qui
sont pointus ; bord postérieur bordé au milieu, saillant,
droit sur les côtés ; le disque du corselet bombé ; côtés
larges, plats et d'un brun rougeâtre transparent ; le
tout grossièrement ponctué avec des écailles. Écusson
très petit, arrondi, avec des écailles.

Élytres un peu plus larges à leur base que le corselet,
d'égale largeur à leur origine, mais se rétrécissant beaucoup à leur extrémité, qui est aiguë ; pointe terminale
obtuse ; côtés aplatis, larges, déprimés, d'un rouge-
brun, à bords relevés ; partie moyenne des élytres bombée, avec neuf rangées de points grossiers, rapprochés
entre eux ; intervalles aplatis, lisses, luisants, ayant une
rangée d'écailles.

Dessous du corps mat, glabre, garni de lignes transversales très fines, d'un rouge-brun, ainsi que les pattes.

*24. Nitidula littoralis.*

N. supra olivacea, pubescens; thoracis marginibus,
antennis, pedibus, abdominisque limbo testaceis, clypeo distincto, elytris dimidiatis.

Iles Coralliniféres, de la mer du Sud. Radack; sur les plantes marines.

Longueur, 1 1/2 ligne.

Couleur d'un vert-olive, obscur en dessus, un peu
luisant, métallique, ayant un duvet fin, peu serré et
jaune, qui forme sur les élytres des raies serrées. Tête
large au milieu, à col étroit. Chaperon étroit, séparé
par une impression arquée; surface faiblement bombée,
finement ponctuée. Mandibules et antennes jaunes; ces
dernières atteignent la moitié du corselet; la massue
arrondie, grande, aplatie et noirâtre. Yeux noirs.

Corselet large, peu court, tronqué droit en avant et
en arrière, non bordé, d'un jaune clair, à angles obtus,
côtés s'élargissant un peu dans leur milieu, à bords larges, jaunes et relevés; surface faiblement bombée, avec
des traits transversaux fins, serrés, et ponctués au
milieu. Écusson très grand, une fois aussi large que
long, ponctué.

Élytres un peu plus larges que le corselet, élargies au
milieu, tronquées obliquement en arrière; angles externes
arrondis, côtés bordés au milieu; faiblement bombées,
aplaties en haut, avec des rides finement ponctuées, peu
distinctes; plusieurs rangées régulières de gros points
près de la suture et au milieu, mais qui n'atteignent
pas le bord postérieur. Derrière les élytres, qui sont

tronquées, il y a deux segments abdominaux et le segment anal long, distincts, qui sont ponctués d'un brun
foncé, entourés de brun jaunâtre.

Dessous du corps, brun foncé, finement ponctué ;
bords inférieurs du corselet, jaunes ; ventre recouvert
de poils fins d'un brun jaune, à côtés et segments abdominaux jaunâtres ; pattes jaunes.

### 25. *Peltis pubescens*.

P. ovata, ferruginea, supra pubescens ; elytris elevato
striatis : interstitiis duplici serie punctatis ; antennarum clava elongata.

De l'île Luçon, près de Manille.

Long de 2 lignes.

Forme ovale, aplatie ; couleur d'un brun ferrugineux
en dessus, d'un rouge brun en dessous ; surface garnie de
poils courts, jaunes, couchés, épars. Tête large, aplatie,
grossièrement ponctuée. Yeux petits, noirs. Antennes
d'un rouge brun, un peu plus longues que la tête ;
massue de trois feuillets, presque aussi longue que le
reste de l'antenne, à articles gros ; le dernier, pointu et
oblong.

Corselet large, court, tronqué droit en avant au milieu, à angles antérieurs pointus, très saillants, aigus ;
les côtés s'élargissent fortement jusqu'aux angles postérieurs, qui sont pointus ; bords postérieurs droits, très
finement bordés ; surface un peu bombée, pointillée
grossièrement, avec une ligne médiane, large, lisse,
luisante ; côtés assez larges, aplatis, déprimés, garnis

de points serrés. Écusson semi-lunaire, ponctué, d'un rouge brun.

Élytres aussi larges en avant que le corselet, s'élargissant un peu jusqu'au delà du milieu, très rétrécies en arrière, à extrémité pointue ; les côtés assez larges, légèrement déprimés, et un peu relevés ; leur partie moyenne élevée ; leur disque plat, offrant plusieurs lignes élevées et peu distinctes ; deux rangées de gros points dans les intervalles ; point de lignes sur le bord des élytres qui embrasse les côtés de l'abdomen, mais plusieurs rangées de points ; bords latéraux pointillés.

Dessous du corps lisse, nu. Pattes d'un jaune brun, à cuisses aplaties, larges.

On trouve aussi chez cette petite espèce, comme chez les autres de ce genre, deux feuillets cornés, pointus, placés entre les yeux et la lèvre inférieure, ainsi qu'une épine arquée aux jambes.

## 26. *Clerus annulatus.*

C. hirsutus, thorace atro, elytris pallidis : macula magna sulphurea atro cincta lineaque humerali nigra.

Brésil, Sainte-Catherine.

Long de 4 lignes.

Tête assez grande, noire ; front aplati, avec des poils courts, jaunes, couchés ; sur le vertex, des poils noirs, raides. Yeux bruns. Palpes labiaux aussi grands et de la même forme que chez le *formicarius*, noirs. Antennes plus courtes que le corselet, noires, à poils jaunes ;

massue de trois articles dont le dernier est plat et pointu à son extrémité interne.

Corselet très grand, un peu plus large que long en avant, très étroit en arrière, tronqué droit en avant ; côtés fortement inclinés, embrassant en dessous les angles antérieurs ; très fortement bombé, presque globuleux, ayant une impression transversale peu distincte à sa moitié antérieure ; noir, luisant ; garni de poils serrés, assez longs, noirs et redressés. Écusson petit, rond, jaune et velu.

Élytres aussi larges à leur base que le corselet, s'élargissant un peu au delà du milieu, arrondies à leur extrémité, allongées, semi-cylindriques, à épaules très saillantes ; grossièrement ponctuées, avec des rangées de points irréguliers et leurs intervalles ridés ; moitié antérieure jaune pâle, couverte de poils serrés, courts, presque couchés, et d'autres redressés, longs et jaunes, qui se mêlent en dessous, avec quelques poils longs, noirs ; une tache d'un brun noir, pointue, placée obliquement sur les épaules, ayant la même villosité que les parties ci-dessus ; on voit au milieu une grande tache ovale d'un jaune soufré, qui s'étend jusqu'au bord externe, et qui est garnie de poils fins, courts, jaunes ; en avant et près de la suture, cette tache est entourée par une large bordure noire, et en arrière, par une autre plus étroite ; ce demi-cercle noir a des poils noirs de différente longueur ; le reste de l'extrémité large des élytres est brun foncé, garni de poils serrés, jaunes, couchés ; seulement on distingue au milieu une petite tache lisse, non velue.

Dessous du corps noir ; poitrine et pattes garnies de poils serrés, gris ; ventre luisant, presque glabre.

## 27. *Lampyris lunifera.*

(Oblonga, antennis simplicibus fusiformibus.)

L. nigra, thoracis angulis posticis acuminatis, margine externo elytrorumque sutura cum limbo laterali pallidis, segmentis duobus penultimis abdominis sulphureis.

Variat. : Thorace maculis duabus rubris.

Brésil, Sainte-Catherine.

Longueur, 6 lignes.

Tête petite, noire, finement velue ; front aplati, avec deux petites tubérosités contiguës ; un encadrement jaune arqué, au devant de chaque œil. Palpes d'un brun foncé. Yeux très grands, globuleux, noirs. Antennes ayant la moitié de la longueur du corps, déprimées, velues, à articles moyens plus larges que les autres ; premier article, d'un jaune brun à sa pointe.

Corselet large, à côtés et rebords antérieurs très arqués, très élargi en arrière ; angles postérieurs pointus, s'étendant en arrière, bord postérieur étroitement bordé ; une partie de son milieu étroite et élevée, ainsi que tout le bord postérieur ; côtés relevés dans toute leur longueur au moyen d'une fossette large, assez profonde ; toute la surface est couverte de points fins et peu distincts, avec quelques gros points dans la fossette du bord antérieur ; couleur fondamentale, brun obscur, mélangé de bleu violet, plus pâle aux bords externes ;

ceux-ci, surtout les antérieurs et les latéraux, étroitement bordés de jaune pâle. Écusson étroit, triangulaire,
d'un noir brun, avec des poils d'un jaune gris.

Élytres plus larges que le corselet, s'élargissant brusquement et fortement derrière les épaules, puis se rétrécissant peu à peu, arrondies et rétrécies successivement
à leur extrémité ; épaules en carènes hémisphériques ;
surface presque plate, finement granulée, ridée, avec
cinq lignes longitudinales élevées, peu distinctes, et
garnie de poils épars, redressés, d'un noir brun ; bordure d'un jaune pâle, large au bord externe, étroite
sur la suture ; les deux bordures n'atteignent pas la
pointe des élytres. Ailes noires.

Dessous du corps d'un brun obscur, très finement
velu ; bords latéraux du dessous du cou et des élytres d'un
jaune pâle ; les deux avant-derniers anneaux du ventre,
d'un jaune soufré, plus allongés que les autres, l'avant
dernier ayant au milieu une petite incision ; le dernier article est brun, triangulaire, à pointe terminale
longue.

La variété indiquée est vraisemblablement l'autre sexe ;
on la trouve aussi communément. Elle s'en distingue par
deux grandes taches d'un rouge jaunâtre sur le corselet,
et la bordure des élytres beaucoup plus large, jaunâtre,
et atteignant presque jusqu'à leur pointe.

Les espèces qui se rapprochent le plus de celle-ci sont
le *L. pyralis* Linn., qui en diffère par le ventre tout
blanc, et le *L. marginata* Linn., qui en diffère par
l'écusson tout jaune.

## 28. *Lampyris truncata.*

(Oblonga, antennis simplicibus.)

L. nigro fusca, thorace basi truncato, maculis duabus
anticis elytrorumque margine externo cum sutura pallidis, segmentis tribus ultimis abdominis sulphureis.

Brésil, Sainte-Catherine.

Longueur, 5 à 6 lignes.

Plus étroit que le précédent. Tête très petite, étroite,
avec le front un peu excavé, noir ; chaperon jaune brun.
Palpes noirs. Yeux noirs, globuleux ; chaque œil une
fois aussi grand que la tête. Antennes atteignant le tiers
de la longueur du corps, à articles aplatis, avec des poils
noirs et gris ; premier article brun à sa pointe.

Corselet pas plus large que long, à côtés et bord antérieur très arqués, peu relevés ; bord postérieur tronqué droit, relevé ; angles postérieurs dentelés, non
saillants ; partie moyenne bombée avec un sillon longitudinal faible, non ponctuée, et une fossette oblongue,
grande ; les côtés ont un rebord très large ; les côtés et le
bord antérieur sont grossièrement ponctués ; une rangée
de gros points se voit tout près des bords externes ; il y a
des poils courts, d'un brun noir, avec deux taches d'un
blanc jaunâtre, au bord antérieur : toutes les bordures
très étroites, jaunâtres. Écusson allongé, à pointe obtuse, noir, jaune brun à la pointe.

Élytres plus larges que le corselet, un peu élargies
derrière les épaules, où elles sont d'égale largeur jusqu'en arrière ; elles se rétrécissent ensuite et finissent

en pointe obtuse ; elles sont bombées en avant, aplaties
à leur extrémité, pointillées et sillonnées de lignes longitudinales peu distinctes, au nombre de deux, obliques
de dehors en dedans, qui n'atteignent point l'extrémité ;
elles sont d'un brun noir, garnies de poils gris, serrés et
courts ; bords latéraux larges, aplatis, d'un jaune
pâle, ainsi que la suture, qui est étroite. Ailes noirâtres.

Dessous du corps et pattes d'un noir brun, à poils
très courts. Les trois segments du ventre sont d'un jaune
soufre, et tous ont une forte échancrure au milieu ; on
voit une petite pointe mince, jaune, saillante sous le dernier segment ; les segments abdominaux antérieurs sont
noirs ; ils ont chacun deux petites incisions et deux légères échancrures. Cuisses brunes à leur base. Jambes
courtes, larges, aplaties ; bord des élytres, jaune en
dessous.

Je n'ai point trouvé de variété parmi tous mes individus. Les *Lamp. pyralis* et *marginata* sont des espèces bien distinctes de celle-ci, ainsi que de la précédente et des suivantes.

### 29. *Lampyris signifera.*

L. ovata, pallida ; thorace signo lobato angulisque
baseos latè fuscis, maculisque duabus rubris, elytris
fuscis : limbo pallido cum macula fusca.

Brésil, Sainte-Catherine.

Longueur, 5 lignes ; largeur 2 1/2 lignes.

Tout le corps est garni de poils fins, serrés, jaunes.
Tête petite, jaune, recouverte entièrement par le cor-

selet, à front aplati ; parties de la bouche, noires. Yeux grands, globuleux, noirs. Antennes courtes, filiformes, noires ; premier article très long, jaune et noir : quoiqu'il ne puisse pas être replié en arrière, parce qu'il est uni au reste de l'antenne, cependant il peut être dirigé en avant et en dehors, en sorte que l'antenne paraît brisée.

Corselet large, très court, presque triangulaire, non bordé ; côtés se dirigeant très obliquement d'arrière en dedans et en avant, et se réunissant au milieu, sous un angle obtus ; bord postérieur un peu relevé en arc dans le milieu ; angles postérieurs arrondis ; ce corselet est bombé au milieu, il a de chaque côté une fossette, et les côtés sont larges et aplatis ; surface légèrement ponctuée, avec une rangée de gros points serrés à tous les bords, et une figure noire au milieu du bord postérieur, offrant la forme d'un M, et près de laquelle il y a une tache d'un rouge cinnabre pâle, et une troisième brunâtre, aux angles postérieurs. Écusson triangulaire, pointu, d'un brun sale.

Élytres plus larges que longues à leur moitié antérieure, se rétrécissant fortement en arrière jusqu'à leur extrémité, qui est arrondie ; épaules très saillantes ; bords latéraux très larges à leur moitié antérieure, un peu tombants, séparées de leur partie moyenne bombée, par un sillon longitudinal fort ; très pointillées ; leur partie moyenne, d'un gris brun, avec une ligne longitudinale jaunâtre, peu distincte et placée sur une ligne peu élevée ; suture jaune ; côtés d'un jaune pâle ; bord antérieur et une tache carrée derrière le milieu, d'un brun obscur. Ailes noires.

Parties latérales du corselet et des élytres de la même couleur en dessous qu'en dessus ; poitrine d'un brun noir. Les quatre premiers segments abdominaux d'un jaune brun , avec beaucoup de points d'un brun obscur ; le cinquième et sixième segments d'un jaune blanc ; les suivants et le segment anal minces , jaunâtres et très velus. Pattes courtes , brunâtres ; cuisses jaunes , brunâtres en dessous au milieu ; jambes courtes , triangulaires ; tarses noirâtres.

Je n'ai point trouvé de variété dans mes dix individus.

## 3o. *Lampyris præusta.*

L. **pallida**, capite elytrorumque apice atris , antennarum basi cum apice tarsisque nigris, segmento penultimo abdominis albis.

Ile Luçon , près Manille.

Longueur, 4 lignes à peu près.

Couleur principale , jaune rougeâtre ; corps garni partout de poils jaunes très courts. Tête assez grande , noire ; front large, ponctué , ayant au milieu une fossette large. Palpes grands , noirs ; dernier article des palpes maxillaires , long et large. Yeux grands , noirs , mais ne dépassant pas le sommet de la tête. Antennes plus courtes que la moitié du corps , filiformes ; les deux premiers et les trois derniers articles noirs ; le troisième , noir en dessous , jaune en dessus ; les autres sont jaunes.

Corselet beaucoup plus large que la tête et les yeux , court, carré, à bord antérieur un peu saillant au milieu , bordé , à angles antérieurs un peu obtus ; côtés assez droits, un peu arqués en avant, larges et déprimés, surtout en arrière; angles postérieurs droits, dépassant un peu en arrière; bord postérieur ayant trois légères échancrures, relevé, bordé; surface pointillée; partie moyenne bombée, avec un sillon longitudinal d'un jaune rougeâtre. Écusson assez grand, triangulaire, obtus, jaune.

Élytres larges et noires, un peu plus larges que le corselet, d'égale largeur jusqu'à l'extrémité, qui est raccourcie; étroitement bordées, pointillées finement et ridées, avec trois lignes longitudinales élevées, peu distinctes, d'un jaune pâle; leur extrémité oblique de dehors en dedans. Ailes noires.

Dessous du corps et pattes d'un jaune citron; poitrine brunâtre; avant-dernier segment abdominal d'un blanc jaunâtre antérieurement, blanc de lait postérieurement, ces deux couleurs séparées par une ligne arquée; dernier segment long, se rétrécissant vers l'extrémité, fortement échancré, jaune; segment anal triangulaire, jaune. Jambes grêles, triangulaires.

### 31. *Lampyris apicalis.*

L. pallida, oculis elytrorumque apice atris, antennis, tibiis, tarsisque fuscis, abdomine basi brunneo, segmentis duobus ultimis albis.

De l'île Luçon, près Manille.

Longueur, moins de 3 lignes.

Mince, entièrement couvert de poils jaunes et fins. Tête petite, ponctuée, jaune; front étroit, un peu enfoncé.

Palpes noirâtres, pointus. Yeux très grands, globuleux, noirs. Antennes de la moitié de la longueur du corps, filiformes, noires, avec des poils gris; premier article brunâtre.

Corselet court, de la largeur de la tête, y compris les yeux, carré, à bord antérieur saillant au milieu, bordé; angles antérieurs aigus, arqués en dehors; côtés un peu élargis au milieu, légèrement déprimés, étroits; angles postérieurs aigus; bord postérieur presque droit, légèrement relevé; surface très finement ponctuée, fortement bombée, ayant un sillon longitudinal peu distinct; le tout d'un jaune rougeâtre. Écusson grand, carré, obtus, d'un jaune rougeâtre.

Élytres un peu plus larges que le corselet, d'égale largeur jusqu'à leur extrémité, un peu arquées en dedans et au milieu; étroitement bordées, fortement bombées, ponctuées et ridées finement, avec des lignes longitudinales élevées et peu distinctes; elles sont d'un jaune pâle, et l'extrémité est large, noire, transversalement tronquée. Ailes noirâtres.

Poitrine d'un jaune rougeâtre, brune au milieu; ventre d'un jaune rougeâtre; troisième et quatrième segments d'un brun noir, à bords latéraux jaunes; les deux derniers segments d'un blanc jaunâtre, le dernier échancré; segment anal jaune, large. Pattes grêles, d'un jaune rougeâtre; jambes postérieures un peu cambrées; jambes et tarses noirâtres; base des jambes postérieures rougeâtre.

## 52. *Homalisus collaris.*

H. ater, antennis pectinatis basi flavis, thorace rufo, elytris coriaceis.

**Du Brésil, Sainte-Catherine.**

Longueur, 4 lignes environ.

Couleur principale noire, recouverte partout de poils courts. Tête cachée sous le corselet, noire, à front un peu enfoncé. Yeux grands, noirs. Antennes de la longueur de la moitié du corps, ponctuées ; premier et deuxième articles courts, en massue jaune rougeâtre, à petits traits noirs en dessus ; les neuf derniers articles aplatis, avec un appendice obtus et long, au côté interne ; partie moyenne des troisième, quatrième et cinquième jaune rougeâtre en dessous.

Corselet large, court, arqué en avant, dépassant la tête, à angles antérieurs arrondis ; les côtés s'élargissent successivement en arrière ; les angles postérieurs s'avancent fortement en pointe en arrière ; le bord postérieur est droit au milieu, à bords relevés ; surface un peu bombée au milieu, lisse, ayant un sillon longitudinal court, et une fossette de chaque côté de ce sillon ; la majeure partie des épaules en avant est grossièrement ponctuée ; couleur rouge jaunâtre.

Écusson triangulaire, pointu, noir.

Élytres un peu plus larges que le corselet ; les côtés sont d'égale largeur jusqu'au delà du milieu, où elles se rétrécissent successivement vers leur extrémité, qui est obtuse ; surface un peu bombée, avec des granulations fines et serrées et trois lignes longitudinales élevées. Ailes noires.

Dessous du cou jaune rougeâtre. Segments abdominaux ayant de profondes impressions de chaque côté; dernier segment large, avec une pointe au milieu; deux autres appendices larges s'étendent au devant de chaque côté, et proviennent de la dernière échancrure dorsale. Pattes courtes, à cuisses et jambes aplaties; jambes antérieures d'un brun noir, avec des arêtes internes jaunâtres; pattes postérieures entièrement noires.

Tous mes individus sont des femelles.

## 33. *Homalisus tenellus.*

H. niger, antennis pectinatis, thorace carinato lateribus testaceo, elytris reticulato carinatis testaceis apice nigris.

Du Brésil.

Longueur du mâle, 2 1/2 lignes.

Étroit, mince. Tête large, courte, d'un noir brun, à front aplati. Yeux grands, noirs. Antennes plus longues que la moitié du corps, noires, aplaties, pectinées, de dix articles seulement; le premier court, épais, pointu latéralement; les autres ayant un appendice obtus, large et long, un peu tordu.

Corselet presque aussi long que large, arrondi en avant, à angles antérieurs très obtus; côtés arqués à leur origine, puis s'élargissant fortement en arrière, à angles postérieurs très aigus, le bord postérieur s'avançant en pointe au milieu; surface enfoncée au milieu, avec deux fossettes à sa partie antérieure, et une carène longitudinale élevée à sa partie moyenne; le disque est d'un brun noir; les côtés et le bord antérieur, jaunes. Écusson triangulaire, noir.

Élytres étroites, très longues, presque d'égale largeur, obtuses à l'extrémité; elles ont cinq côtes longitudinales, dont la suture et les deux moyennes sont les plus élevées; les plus faibles sont placées dans les intervalles; elles sont toutes réunies entre elles en forme de réseau par de petites lignes saillantes transversales; toutes les côtes et le bord externe ont des poils courts; couleur principale jaune d'ocre; le tiers de leur pointe est noir. Ailes noirâtres.

Dessous du corps brun noir, à poils courts; pattes brun foncé, à cuisses et jambes larges, aplaties; cuisses jaunes à la base.

La ressemblance de notre espèce avec le *Lycus* (Homalisus) *flabellatus*, Dalm. Schonh. Syn. I. III. Ap. p. 32, d'après la description, est très grande : cependant il y a une différence dans la forme de leur corselet; chez l'espèce africaine il y a un réseau élevé, et les élytres sont plus larges que le corselet, et garnies de quatre carènes élevées.

### 34. *Cantharis transversa*.

C. atra, thorace brevi, rubro, lateribus exciso.

Du Brésil, Sainte-Catherine.

Longueur, 2 lignes.

Couleur fondamentale noire. Tête large, plate, presque glabre, noire. Yeux grands, noirs. Mandibules d'un rouge jaunâtre ; dernier article des palpes maxillaires noir, large à sa base, pointu à l'extrémité. Antennes plus longues que la moitié du corps, épaisses, filiformes, noires ; extrémité du premier article, brune.

Corselet très large et seulement de moitié aussi long ; bord antérieur arrondi, un peu relevé, à angles antérieurs fortement saillants sur les côtés ; angles postérieurs pointus et saillants en dehors, ce qui fait paraître les bords latéraux profondément échancrés ; bord postérieur plus long que l'antérieur, avec trois légères échancrures ; côtés et bord postérieur largement bordés ; très bombé au milieu, avec de petites éminences peu distinctes : tout le corselet roussâtre, recouvert en dessus de poils gris très courts. Écusson large, noir.

Élytres aussi larges à leurs épaules que le bord postérieur du corselet, de forme parallèle, assez longues, arrondies à l'extrémité, finement ridées, noires, recouvertes de poils gris assez longs. Ailes noires. Dessous du corps ainsi que les pattes, noir, et recouvert de poils gris, courts ; base des cuisses, jaune brun.

## 55. *Cantharis cembricola.*

C. elongata, fusco nigra, thorace quadrato, geniculis femorum maculis ferrugineis ; fœmina immaculata.

Du Kamtschatka, du golfe de Saint-Pierre et Saint-Paul, sur le *Pinus cembra.*

Longueur d'environ 3 lignes.

Mâle très étroit ; couleur d'un noir brunâtre ; couvert

partout de poils gris, très courts. Tête lisse, noire, à forme aplatie. Mandibules brunes. Yeux noirs. Antennes du mâle presque de la longueur du corps; celles de la femelle de moitié de sa longueur, filiformes, noires.

Corselet carré, un peu plus large que long, tous ses bords relevés; bord antérieur un peu arrondi, presque droit, à angles antérieurs très arrondis, à angles postérieurs obtus; surface très bombée à sa partie postérieure, aplatie en avant, avec une ligne longitudinale fine et une fossette légère de chaque côté des bords latéraux, au devant de l'élévation. Écusson large, triangulaire, très velu.

Élytres un peu plus larges que le corselet à leur base, longues, d'égale largeur et étroites chez le mâle, dilatées en arrière chez la femelle, arrondies à leur extrémité, ridées, avec deux carènes longitudinales fines, qui se perdent vers leur extrémité; elles sont d'un brun noir, avec des poils gris. Ailes noires. Dessous du corps et des pattes noir, recouvert de poils gris; cuisses du mâle minces, d'un brun jaune à leur base et à leur extrémité.

Sa ressemblance avec la *Canth. elongata* Fabr. est grande; mais celle-ci a la base des antennes d'un jaune brun; le corselet est carré de même, avec une ligne moyenne en arrière et la base des jambes d'un gris jaunâtre. (J'ignore s'il n'y a point de lignes longitudinales sur les élytres).

### 36. *Cantharis longicollis.*

**C.** rufo-testacea ; fronte, thoracis disco, alis, antennis tibiisque fuscis ; thorace longiori ; elytris angustatis, pallidis.

Brésil, Sainte-Catherine.

Longueur, près de 4 lignes.

Tête allongée, élargie au milieu, garnie de poils gris ; de couleur roussâtre, mais d'un brun noirâtre au devant des antennes : cou étroit. Yeux petits, noirs, saillants : palpes noirs ; les antérieurs presque filiformes. Antennes de la longueur du corps, sétacées, d'un brun noir ; premier article jaunâtre en dessous.

Corselet un peu plus long que large ; bord antérieur arrondi et relevé ; angles antérieurs arrondis ; côtés s'élargissant en arrière en ligne droite ; angles postérieurs arrondis ; bord postérieur légèrement échancré au milieu ; côtés et bord postérieur relevés : partie postérieure de la surface très élevée, aplatie en dessus avec un sillon longitudinal ; dans le milieu de la profondeur des côtés est une petite carène transversale ; partie antérieure légèrement bombée. Il est mélangé de brun rouge et de noir brun au milieu ; les côtés et le bord postérieur sont d'un jauné rouge. Écusson large, obtus et noir.

Élytres plus larges à leur base que le corselet, se rétrécissant beaucoup en arrière, à extrémité presque aiguë, un peu plus courtes que les ailes, finement ridées, d'un jaune paille. Ailes noires, avec un reflet métallique, cuivreux en haut. Poitrine et pattes d'un jaune brunâtre, garnies de poils blancs ; ventre jaune clair.

Jambes brunes, ainsi qu'un trait longitudinal au côté externe des cuisses; tarses noirs.

Il ressemble, pour la forme, au *Cantharis brevipennis*, Fab., et il est voisin d'autres espèces de l'Amérique du Sud.

### 37. *Malachius rufiventris.*

M. cærulescens; antennis serratis basi flavis; abdomine pedibusque coccineis.

De l'île Luçon, près de Manille.

Longueur, 2 1/2 lignes.

Tête grande, faiblement bombée, d'un vert métallique, garnie de poils courts, blancs; front ridé; parties de la bouche d'un jaune brunâtre. Yeux d'un brun foncé. Antennes plus courtes que la moitié du corps, aplaties, composées de dix articles seulement : les neuf derniers munis d'un grand appendice élargi en avant; le premier, conique, jaune, ainsi que les deux suivants; les autres, noirs, luisants.

Corselet plus large que long, non anguleux; bord antérieur arrondi, saillant, non bordé; côtés très arrondis; bord postérieur droit au milieu et un peu relevé, très arrondi sur les côtés, et très étroitement bordé ainsi que les côtés; surface très bombée transversalement, un peu inégale, ridée finement sur les côtés, garnie en partie de poils courts, blancs, en partie de poils nombreux, longs et raides; d'un vert métallique, à changeant bleuâtre. Écusson large, très court, non pointu, bleuâtre.

Élytres moins larges à leur base que le corselet, élargies en arrière , obtuses postérieurement , bombées , avec des rides fines et serrées , fort peu granulées ; bords latéraux et suture très bordés , d'un bleu métallique , avec un léger reflet vert : recouvertes partout de poils courts , blancs , peu serrés , mais avec des poils très longs sur les bords. Ailes noires. Poitrine très bombée , lisse , faiblement sillonnée au milieu , à poils blancs sur les côtés ; d'un bleu noirâtre. Ventre d'un rouge écarlate , à bords d'un rouge cinabre. Pattes d'un rouge brunâtre ; cuisses antérieures d'un brun noir à leur base.

## 38. *Elater spinosus.*

E. castaneus , tomentosus ; thorace elongato , conico , nigro ; elytris apice spinosis.

Du Brésil, Sainte-Catherine.

Longueur, 10 lignes. Sa plus grande largeur ( à la base des élytres ) de plus de 2 lignes.

Corps pointu aux deux extrémités, couvert partout de poils fins , brunâtres , serrés. Téte petite , carrée , presque plate , très finement ponctuée , avec le bord du chaperon peu arrondi. Yeux bruns. Antennes presque aussi longues que le corselet , un peu en scie , d'un brun noir ; premier article long et gros ; le second , petit , d'un jaune rougeâtre.

Corselet beaucoup plus long que large ; bord antérieur un peu saillant au milieu , à angles saillants , pointus ; côtés s'élargissant successivement d'avant en arrière , mais ne comprenant pas , dans leur direction , les angles postérieurs , qui sont pointus et peu allongés ; ces

côtés sont garnis en dessus de deux carènes longitudinales, dont l'interne est moitié aussi longue que
l'externe; bord postérieur droit avec deux petits appendices saillants au milieu. Surface très bombée transversalement, finement pointillée, ayant au milieu une
carène longitudinale peu appréciable; d'un brun foncé;
bords antérieur et postérieur peu distincts, bruns. Écusson oblong.

Élytres un peu plus larges à leur base que le corselet,
se rétrécissant successivement depuis le milieu jusqu'en arrière; extrémité des élytres garnie au milieu
d'une épine large, pointue; angle de l'extrémité de
la suture tronqué droit; transversalement bombées,
superficiellement striées par de gros points; intervalles
un peu bombés, avec des rides transversales très fines;
d'un brun marron.

Dessous du corps, brun marron, finement ponctué et
velu; segment anal large, tronqué; bord inférieur de la
base des élytres plus large et jaune. Pattes d'un jaune brun.

Il ne faut pas le confondre avec l'*Elater appendiculatus*, Hub.

### 39. *Elater rufilateris*.

E. elongatus, ater; glaber; thoracis lateribus elytrorumque basi rufis.

**Du Brésil, Sainte-Catherine.**

Longueur, 7 1/2 lignes. La plus grande largeur,
2 lignes environ.

Tête bombée, couverte de gros points, nue, luisante,

noire. Yeux bruns. Antennes à peine plus longues que
la moitié du corps, noires, plates : premier article ova-
laire; deuxième, petit, presque rond; troisième, conique, long; les autres, longs, aplatis, triangulaires,
ayant en avant, à leur extrémité, un angle pointu, ce
qui donne aux antennes la forme de scie.

Corselet beaucoup plus long que large; bord antérieur
coupé droit, emboîtant un peu la tête, frangé de jaune;
côtés finement bordés, très peu élargis dans le milieu,
rentrant un peu en avant des angles postérieurs; angles
postérieurs longs, pointus, s'avançant obliquement en
dehors, ayant une carène longitudinale tranchante, peu
élevée; bord postérieur droit, ayant, de chaque côté de
l'écusson, deux petits appendices arrondis; surface très
bombée, surtout en arrière, ayant un sillon médian, plus
fort en avant et en arrière, mais peu sensible au milieu,
et une impression triangulaire au côté interne de l'épine
postérieure. Il a partout de gros points serrés; une
bordure rouge, large sur les côtés, étroite au bord antérieur; le milieu du bord postérieur est étroit et noir
ainsi que la rangée de ses épines. Écusson allongé,
ponctué légèrement, glabre, noir.

Élytres un peu plus larges que le corselet, élargie
derrière les épaules, se rétrécissant beaucoup vers leur
extrémité, qui est pointue; côtés bombés, dos aplati; les
stries ont des points gros, serrés; intervalles à points
serrés, lisses. Elles ont leur quart antérieur rouge, le
reste noir foncé; la couleur rouge descend davantage sur
les côtés, et forme dans le milieu une petite saillie.

Dessous du corps noir, à points serrés, avec quelques

poils bruns. Pattes d'un brun obscur. Appendices fé-
moraux d'un rouge brun.

### 40. *Elater scabricollis.*

E. oblongus, ater ; thorace punctatissimo, medio rugu-
loso ; elytris obscuré viridiæneis ; antennis thorace
longioribus, cylindricis, atris.

Du Kamtschatka.

Longueur, 6 lignes.

Il ressemble, au premier aspect, à l'*Æneus*. Tête large,
noire, finement ponctuée, à poils diffus et gris, offrant
un bourrelet transversal entre les antennes ; front plat,
un peu inégal. Antennes un peu plus longues que le
corselet, cylindriques, noires ; les huit articles en scie
extérieurement.

Corselet aussi long que large, beaucoup plus étroit
en avant qu'en arrière ; angles postérieurs pointus, saillants ; côtés s'élargissant beaucoup au devant du milieu,
et s'étendant jusqu'aux angles postérieurs, qui s'avancent un peu en dedans ; ceux-ci sont courts, pointus, et
s'avancent en dehors avec une carène longitudinale élevée ; surface assez fortement bombée (plus que chez
l'*Æneus*), ayant partout, mais surtout sur les côtés,
des points fins, très serrés ; il y a sur le milieu beaucoup
de rides transversales, courtes ; une impression transversale à quelque distance du bord antérieur ; une ligne
transversale, profonde, de chaque côté du bord postérieur : la partie moyenne du bord postérieur est élevée ; les
côtés sont recouverts d'un duvet gris, peu sensible ; cou-

leur noire, à reflet bleuâtre peu distinct. Écusson rond, à poils d'un jaune brun, serrés.

Élytres lisses, un peu plus larges à leur base que le corselet, peu élargies en arrière, se rétrécissant beaucoup jusqu'à leur extrémité, qui est pointue ; bombées, à stries formées de petits points ; les intervalles un peu bombés et à points fins, peu distincts ; d'un vert métallique noirâtre.

Dessous du corps noir, à points serrés, finement velu. Pattes d'un brun noir ; tarses bruns.

## 41. *Elater lobatus.*

E. oblongus, ater, subæneus, pubescens ; thorace elongato ; angulis posticis truncatis, lobo medio marginis postici emarginato.

De l'île Unalaschka.

Longueur, 5 lignes, Se rapproche du *Cylindricus* Payk.

Corps noir en dessus, à reflet ferrugineux, avec de petits poils gris, très serrés. Tête large, pointillée ; front bombé. Yeux noirs, saillants. Antennes presque aussi longues que le corselet, un peu plates ; premier article allongé, gros ; deuxième, globuleux ; troisième, long, conique ; les sept suivants, plats, triangulaires, à extrémité large, de façon que les antennes sont un peu en scie des deux côtés ; le onzième ayant au milieu une interruption qui le fait paraître composé de deux articles.

Corselet plus long que large, tronqué droit en avant, à angles antérieurs obtus, peu saillants ; côtés peu élargis dans le milieu, se cambrant fortement en dedans ; angles postérieurs larges, assez longs, tronqués droit à leur extrémité, aplatis en dessus, avec une carène longitudinale courte, peu distincte, tout près du bord externe ; bord postérieur épais ; il y a dans le milieu un appendice large, qui est profondément échancré. Surface très bombée, à points serrés, assez gros. Écusson large, oblong, finement ponctué, à poils serrés.

Élytres à peine plus larges que le corselet, s'élargissant un peu au-delà du milieu ; extrémité pointue ; côtés bombés ; dos plat, à stries légères ; les latérales fortement ponctuées ; intervalles aplatis, parsemés de points très fins et légèrement ridés en travers.

Dessous du corps noir, peu velu, avec un faible reflet cuivreux, à points serrés, fins. Pattes finement velues, d'un noir brun. Articulations et cuisses antérieures brunes.

## 42. *Elater musculus.*

E. brevis, æruginosus, pubescens ; thorace lato, rotundato, convexo ; elytris striatis : interstitiis rugulosis ; pedibus flavis ; geniculis fuscis.

De l'île d'Unalaschka.

Longueur, 1 1/5 ligne.

Dessus du corps d'un noirâtre métallique, avec un reflet verdâtre léger sur les élytres ; couvert de poils gris, fins. Tête très grande, légèrement bombée, pointillée, avec une ligne longitudinale courte, à la nuque. Antennes un peu plus courtes que le corselet, noires : premier ar-

ticle très grand et épais , métallique ; les deux suivants ,
coniques, allongés ; les huit autres , courts , épais et serrés entre eux.

Corselet aussi long que large , aussi large en avant
qu'en arrière , à angles antérieurs saillants et pointus ;
côtés très élargis au milieu et très rétrécis en arrière ;
angles postérieurs en forme de petite épine; surface très
bombée , unie , très finement ponctuée. Écusson large.

Elytres plus étroites à leur base que le corselet , très
dilatées au milieu , à extrémité pointue ; très bombées ;
striées légèrement ; stries latérales ponctuées ; intervalles
finement et peu distinctement ridés en travers; vaguement et finement ponctuées ; suture saillante.

Dessous du corps noir, très finement ponctué , à poils
d'un gris jaunâtre. Pattes d'un jaune rougeâtre ; la base
des cuisses et une strie sur leur bord supérieur , brunes ;
tarses brunâtres.

## 43. *Elater rufiventris*.

E. ater ; fronte excavata ; thorace punctatissimo , angulis
    basi planis ; elytris castaneis ; abdomine pedibusque
    rufo-ferrugineis.

De l'île Unalaschka.

Longueur, 5 1/2 lignes.

Tête large , à points gros, serrés ; front excavé au
milieu , avec un petit tubercule. Yeux noirs, globuleux.
Antennes presque aussi longues que le corselet , brunes :
premier article grand, épais ; second , court ; troisième ,
long, conique ; les autres triangulaires.

Corselet plus long que large, aussi large en avant qu'en arrière ; bord antérieur un peu saillant au milieu ; angles antérieurs obtus, non saillants ; côtés élargis dès leur origine, se rétrécissant vers le milieu ; angles postérieurs courts, plats, un peu aigus, se dirigeant un peu en dehors ; surface bombée et grossièrement ponctuée partout, ayant en arrière deux fossettes peu distinctes l'une près de l'autre ; un sillon longitudinal profond, court, au-delà du milieu ; des poils très courts sur les côtés ; tous les bords sont étroits et d'un brun marron. Écusson petit, rond, noir, velu.

Élytres un peu plus larges que le corselet, assez allongées, d'égale largeur, légèrement bombées ; stries à gros points ; intervalles vaguement ponctués, un peu ridés en avant : d'un brun marron, le bord et la suture bordés étroitement de rouge brun.

Dessous du cou noir, à gros points ; parties latérales du dessous du corselet d'un rouge brun. Poitrine noire, finement ponctuée, velue sur ses côtés. Abdomen finement ponctué, d'un rouge brunâtre. Pattes d'un rouge brun, à cuisses antérieures brunes.

## 44. *Elater carinatus.*

E. fuscus, pubescens ; fronte carinata ; thorace elongato, lato ; angulis elytrorumque regione scutellari pallidis ; pedibus flavis.

De l'île Luçon, près de Manille.

Longueur, 4 1/2 lignes.
Couleur principale d'un brun obscur. Corps effilé,

étroit, garni en dessus de poils d'un gris jaunâtre, serrés. Tête très bombée, pointillée ; front s'étendant en angle obtus entre les antennes, et offrant, dans toute sa longueur, une carène saillante peu élevée. Yeux très gros, noirs, peu saillants. Antennes aussi longues que le corselet, brunes ; premier article, grand, épais ; deuxième, très court ; troisième, conique, allongé ; les autres, larges, triangulaires et tricarénés.

Corselet plus long que large ; angles antérieurs peu saillants ; côtés très peu dilatés dans le milieu ; angles postérieurs larges, pointus, dirigés presque droit en arrière, avec une carène longitudinale saillante : surface bombée également, à points serrés et assez gros ; un sillon longitudinal court, au bord postérieur. D'un brun obscur ; une bordure jaune pâle, étroite aux angles antérieurs, large aux angles postérieurs. Écusson allongé, pointu, aplati.

Élytres plus étroites que le corselet, trois fois aussi longues, d'égale largeur, pointues, bombées : stries légères, ponctuées ; intervalles aplatis, à points serrés et assez gros ; d'un brun foncé, avec une grande tache irrégulière, d'un jaune clair, sur les côtés de l'écusson.

Dessous du corps, à points fins et serrés. Segment anal d'un brun rouge. Pattes d'un jaune brun ; cuisses postérieures, avec un trait plus foncé.

### 45. *Elater triangularis.*

E. fuscus, pubescens ; thorace magno, planiusculo ; angulis antennisque flavis, pedibus pallidis ; elytrorum striis punctatis.

**Ile Luçon, près de Manille.**

Longueur, 2 1/3 lignes.

Couleur principale d'un brun noirâtre ; il est couvert partout, en dessus, de poils brunâtres. Tête bombée, grossièrement ponctuée ; chaperon peu arrondi. Yeux noirs. Antennes de la longueur du corselet, jaunes : premier article, très grand, épais, un peu arqué ; deuxième et troisième, petits ; les autres, triangulaires.

Corselet aussi large que long, tronqué droit en avant ; angles antérieurs obtus, peu saillants ; côtés défléchis à leur moitié antérieure, se dilatant ensuite jusqu'au milieu, puis se dirigeant, à l'extrémité de l'épine postérieure, en ligne droite ; épine postérieure large, pointue ; une carène longitudinale près du bord externe ; faiblement bombé, à poils serrés, assez gros ; d'un brun obscur ; angles antérieurs et postérieurs jaunes, excepté l'épine. Écusson allongé, arrondi, brun.

Élytres d'un brun noirâtre uniforme, un peu plus étroites que le corselet, d'égale largeur jusqu'au milieu, pointues, bombées sur les côtés, aplaties en dessus ; stries très légères ayant de gros points, surtout dans les stries latérales ; suture saillante.

Dessous du corps d'un brun obscur ; dessous du cou grossièrement ponctué, d'un rouge brun en avant ; poitrine et abdomen très finement ponctués. Cuisses larges et assez fortement échancrées ; pattes d'un jaune pâle.

## 46. *Elater alternans.*

E. fuscus ; antennarum basi thoracis limbo elytrisque ferrugineis : his interstitiis alternis interruptè fuscis, pubescentia distante ; clypeo rotundato ; pedibus flavis.

Du Brésil, Sainte-Catherine.

Longueur, 3 1/2 lignes.

Tête très faiblement bombée, finement ponctuée, d'un brun noir, à poils serrés, courts, brunâtres ; bord du chaperon très arrondi. Palpes jaunes. Yeux grands, noirs, peu saillants. Antennes presque aussi longues que le corselet, filiformes ; les trois articles de la base, d'un jaune brunâtre ; les autres, d'un brun foncé, à base étroite, jaune ; premier article, long, cambré, un peu plus épais que les autres ; deuxième, court ; troisième, triangulaire et plus court que les suivants, qui sont coniques.

Corselet aussi long que large ; bord antérieur droit, et angles antérieurs assez saillants, pointus. Côtés se dirigeant fortement en dedans, très larges derrière le milieu, se rétrécissant ensuite ; au milieu de l'épine postérieure, qui est courte et pointue, et se prolonge en dehors, est la pointe carénée dans le sens de sa longueur. Surface légèrement bombée, s'inclinant un peu au bord postérieur ; à points fins, peu serrés ; d'un brun noir au milieu ; les côtés et les bords postérieur et antérieur non bordés de brun ; angles postérieurs jaunâtres ; duvet de la surface beaucoup plus fin que celui de la tête. Écusson large , presque pointu ; d'un brun foncé , et paraissant recouvrir les élytres.

Élytres un peu plus larges que le corselet , se rétrécissant ensuite en arrière, pointues à l'extrémité , assez profondément striées ; seulement, dans les stries externes on remarque des points peu distincts ; bords des stries un peu arrondis ; intervalles assez aplatis , à rides transversales très fines , interrompus, recouverts de poils fins , jaunâtres , caducs. Couleur d'un brun marron , rougeâtre : plusieurs intervalles des stries tirent sur le brun foncé ; ces intervalles sont interrompus à leur moitié postérieure, de manière à représenter une bande large, courte , formée de taches allongées d'un brun foncé.

Dessous du corps d'un brun obscur, à points fins et serrés ; bords latéraux du corselet jaunes en dessous ; à carène externe noire. Segment anal étroit , légèrement bordé de jaunâtre. Pattes jaunes ; cuisses larges , légèrement échancrées.

Je ne crois pas que cette espèce puisse être rapportée à l'*Elater rufidens* de Fabricius.

## 47. *Elater posticus.*

E. nigro-fuscus ; antennis, thoracis angulis margineque postico flavis ; pedibus pallidis ; clypeo convexo , truncato ; elytrorum pubescentia adpressa.

Brésil, Sainte-Catherine.

Longueur, 3 lignes.

Plus étroit que le précédent. Tête très bombée , à points serrés , assez gros ; très finement velue , d'un noir brun.

Chaperon incliné, à bord coupé droit. Yeux assez grands, noirs, saillants. Antennes un peu plus longues que le corselet, d'un jaune brun; même forme que celles du précédent.

Corselet un peu plus long que large ; bord antérieur droit au milieu ; angles antérieurs saillants, larges, arrondis ; côtés s'élargissant au-delà du milieu, et s'étendant très peu en dedans vers l'épine postérieure. Épines larges, courtes, pointues, dirigées presque droit en arrière, ayant une petite carène longitudinale près du bord externe ; surface bombée assez fortement et également, à points serrés et gros ; finement velue, d'un noir brun ; angles antérieurs et bord postérieur d'un jaune brunâtre, ainsi que les épines. Écusson allongé, à pointe obtuse ; brun, velu.

Élytres aussi larges que le corselet, d'égale largeur jusqu'au milieu ; légèrement bombées, aiguës à l'extrémité, profondément striées ; carène des stries, anguleuse, avec des points au fond, surtout aux stries latérales ; intervalles aplatis, très finement ridés en travers : elles sont d'un brun obscur, avec un duvet serré, fin, couché, d'un gris brunâtre. Parties latérales du corselet ayant des points serrés et fins en dessous ; d'un brun noirâtre, avec leurs angles postérieurs larges, d'un brun jaunâtre.

Sternum très fortement ponctué, rouge brun en avant, brun noirâtre en arrière ; poitrine et abdomen très finement ponctués, velus, d'un brun noir ; anus plus clair. Cuisses assez fortement échancrées ; pattes d'un jaune pâle.

### 48. *Buprestis spinigera.*

**B.** suprà aurichalcea, subtùs albo maculata ; elytris apice spinosis ; abdomine cupreo.

Brésil, Sainte-Catherine.

Longueur, 3 1/2 lignes ; grêle.

Couleur principale cuivreuse, un peu obscure. Tête grande, avec un reflet cuivreux léger et des sillons longitudinaux gros et rugueux, mais légers et plus larges sur le front, qui est un peu bombé ; chaperon et labre verts. Yeux d'un brun jaune. Antennes atteignant la moitié du corselet, d'un vert foncé métallique, en scie.

Corselet aussi large que long en arrière, plus large en avant ; bord antérieur un peu saillant ; côtés inclinés en avant, se rétrécissant fortement jusqu'aux angles postérieurs, qui sont droits ; bord postérieur saillant au milieu, échancré sur les côtés ; près des bords latéraux part, des angles antérieur et postérieur, une petite carène qui s'en écarte plus en avant qu'en arrière ; une seconde carène élevée sort un peu en dedans de l'angle postérieur, et s'unit dans le milieu à la précédente : surface très bombée en travers et finement ridée, avec un léger sillon longitudinal et une tubérosité lisse de chaque côté de la partie antérieure, avec un léger reflet cuivreux. Écusson triangulaire, lisse, ayant une carène transversale.

Élytres un peu plus larges à leur base que le bord postérieur du corselet, longues, étroites, échancrées sur les côtés, très relevées vers l'extrémité, ayant une épine large, pointue, au milieu de leur extrémité, et une épine très fine à l'extrémité de leur suture, puis une ou deux dents fines et en scie, à la moitié externe de l'épine moyenne : surface bombée, avec une carène longitudinale arrondie ; ridée finement en travers sur les côtés, avec des impressions annulaires, fines, dans le milieu ; dans l'enfoncement et le long de la suture, on remarque à certain jour quelques stries velues, d'un jaune d'or ou d'un jaune gris.

Dessous du corps rouge cuivreux ; tout le dessous du cou et les deux stries longitudinales et larges de la poitrine, blancs et velus ; sur le premier segment abdominal, qui est très grand et qui présente au milieu, de chaque côté, une impression transversale, on remarque au-delà de l'impression une grande tache triangulaire, grise, et une autre arrondie ; les côtés des autres anneaux sont également gris. Pattes d'un cuivreux foncé.

Cette espèce diffère suffisamment des *B. armata* et *bilineata*, Weber.

## 49. *Buprestis æquicollis.*

B. viridi-ænea, thorace æquali : carinula basi nulla, elytris apicem serrulatam versus infuscatis, corpore subtus elytrorumque linea aureo squamosa.

De l'île Luçon, près de Manille.

Longueur, 2 2/3 lignes ; étroit.

Tête grande, bombée ; occiput strié suivant sa longueur ; front légèrement bombé, grossièrement ridé en travers, d'un vert doré. Yeux jaune-brun. Antennes de

Esch. I.                                                  6

la longueur de la tête, épaisses, en scie, d'un vert foncé.

Corselet beaucoup plus large que long ; bord antérieur tronqué droit ; angles antérieurs très inclinés et pointus ; bords latéraux se dirigeant en ligne droite d'arrière en avant, et côtoyés par une petite carène longitudinale qui en est plus distante antérieurement que postérieurement ; angles postérieurs en angle droit ; bord postérieur ayant trois échancrures, saillant au milieu ; surface bombée transversalement, finement ridée en travers, et n'ayant pas la petite carène ordinaire de l'angle postérieur ; le tout vert doré. Écusson vert doré, triangulaire, large, à carène transversale.

Élytres à peine plus larges que le corselet, étroites, allongées, à extrémité obtuse, avec un petit appendice finement, mais profondément dentelé ; bombées grossièrement, mais légèrement granulées ; d'un vert doré à leur base ; le reste, ainsi que toute la suture, noir, avec un léger reflet cuivreux ; le long de la suture il y a, dans un faible enfoncement, une ligne longitudinale formée d'écailles fines de couleur d'or. Dessous du corps finement ridé, d'un vert doré, avec des écailles fines, éparses, couleur d'or. Pattes vertes.

### 5o. *Buprestis occipitalis.*

B. obscure ænea ; capite elytrorumque apice serrulato cupreis, occipite sulcato, thorace inæquali, elytris maculis punctisque aurichalceis variegatis.

Ile Luçon, près de Manille.

Longueur, 3 lignes.

Assez large. Tête large, ridée et ponctuée, d'un bleu

sant très cuivreux ; occiput profondément sillonné ; front un peu inégal. Yeux noirs. Antennes plus courtes que le corselet , noires , en scie à leur extrémité.

Corselet un peu plus large que long , un peu saillant en avant ; côtés inclinés en avant , se dirigeant presque en ligne droite d'avant en arrière ; bord postérieur droit , saillant au milieu , échancré sur les côtés : surface bombée, inégale à cause d'un grand nombre de fossettes, ayant au milieu un bourrelet transversal ; finement fissurée transversalement : la carène latérale ordinaire arquée en avant et très écartée ; une seconde carène longitudinale à chaque angle postérieur, arquée et ne se réunissant pas à la carène latérale : couleur noire métallique , à reflet vert cuivreux. Écusson large , pointu , lisse , à carène transversale.

Élytres à peine plus larges à leur base que le corselet , plus larges au milieu , très rétrécies à l'extrémité, qui est arrondie , en scie ; surface légèrement bombée , à épaules aplaties , granulée , écailleuse, d'un noir métallique, avec quelques taches et points , dont quelques-uns sont réunis en forme de bande, déchiquetés à leur base et derrière le milieu. Couleur cuivreuse ; extrémité des élytres d'un reflet cuivreux.

Dessous du corps et des pattes d'un métallique foncé. Ventre très luisant ; le tout recouvert d'écailles grises , fines , très éparses. On remarque au côté interne les cuisses antérieures une rangée de dents très fines ; jambes postérieures garnies d'une rangée de poils à l'extrémité et en dehors.

Parait être le même que le *B. angulata* de Fabricius.

### 51. *Forficula linearis.*

F. ferruginea, angustata ; forcipe tereti inermi recto ;
thoracis lateribus, elytris pedibusque pallidis : elytrorum alarumque sutura ferruginea.

Brésil, Sainte-Catherine.

Longueur, 5 lignes , y compris les pinces.

Elle est étroite. Tête d'un brun-rouge ; bouche velue,
yeux jaunes. Antennes brunes, plus longues que la
moitié du corps ; premier article noir, gros, cylindrique.
(Mon espèce n'a que dix articles aux antennes ; les articles apicaux manquent évidemment. )

Corselet un peu plus long que large, très arrondi en
arrière, bordé sur les côtés, d'un rouge-brun au milieu ;
côtés et bord postérieur jaunes.

Élytres beaucoup plus larges que le corselet et une fois
aussi longues, tronquées obliquement en arrière ; angle
sutural pointu ; elles sont jaunes, à suture large d'un
rouge-brun , à bordure brunâtre, tournée vers le bas ;
partie cornée et saillante des ailes, jaune, à bord interne, brun ; le reste du corps brun avec ses côtés noirâtres. Sur le côté supérieur du troisième segment abdominal, il y a de chaque côté un tubercule oblong, noir.
Pinces longues de 1 1/3 ligne, cylindriques, d'un brun
foncé , dirigées directement en arrière, et très peu en
haut ; pointues à leur extrémité, et arquées en dedans ,
très finement dentées au bord interne. Pattes jaunes.

Parait le même que le *F. parallella* de Fabricius.

## 5₂. *Forficula pectoralis.*

F. brunnea, aptera; forcipe crassa, trigona, subrecurva;
collo, pectore pedibusque pallidis.

**Du Kamtschatka.**

Longueur, 7 1/2 lignes.

Large en arrière. Tête d'un brun foncé, parois de la
bouche jaunes. Antennes plus courtes que la moitié du
corps; premier et troisième articles jaunes; deuxième
petit, et les autres ovales, bruns; treizième et quatorzième articles ( quelquefois le quatorzième seul ) d'un
jaune clair; quinzième brun.

Corselet un peu plus long que large; côtés relevés, et
bord postérieur très peu arrondi, d'un brun foncé; dans
quelques individus, les bords latéraux sont étroits et
jaunes; chez d'autres, le bord antérieur très large, et
le postérieur très étroit, d'un jaune brunâtre.

Ailes et élytres manquant chez toutes. Deux segments
pectoraux très larges et bruns. Abdomen beaucoup plus
large que la partie antérieure du corps, d'un brun-noir;
segments abdominaux étroits, bordés de rouge-brun;
dernier segment très grand, arrondi à l'extrémité. Pinces courtes, épaisses à leur base, triangulaires; leur extrémité est pointue et arquée en dedans et en dessus;
leur bord interne est finement denté.

Comme mes individus sont dépourvus d'ailes, je pense
que cette espèce est aptère; peut-être sont-ce des femelles, car j'ai reçu aussi un perce-oreille qui avait à peine
4 lignes de long, dont les pinces étaient conformées

comme chez les grandes espèces , dont le dessous du cou, la poitrine et les pattes sont aussi jaunes , mais qui avait ses élytres brunes , entièrement développées , à angle de la suture obtus , un corselet transversal plus clair, un abdomen plus large , d'un brun clair au milieu dessus comme en dessous, et les côtés d'un brun obscur. Il est aptère , et peut fort bien être le mâle des précédents.

*Remarque.*—Dans la description du *Forficula maria* de Fabricius , il s'est glissé une faute d'impression qui , dans l'origine , m'a induit en erreur relativement à la détermination de l'espèce indigène des iles Sandwich ; elle doit être décrite : « *Antennæ—articulo* 14. 15. *albis.* » Quelquefois le treizième et le quatorzième article sont blancs ; les pinces de mon individu ont , outre les dents très fines qui se trouvent à leur base , trois autres dents plus grandes au milieu , dont l'antérieure est placée en dessus et les deux autres en dessous.

## 53. *Blatta heros.*

B. ferruginea , thorace rotundato , annulo pallido.

De l'île Luçon.

Longueur, 1 pouce 7 lignes.

Elle est venue de Manille avec les vivres du vaisseau. Elle ressemble, au premier coup d'œil, à la figure de la *Blatta Australasiæ* et *collossea* Illig., à peu de chose près. Tête d'un rouge-brun ; front noirâtre , labre jaunâtre. Yeux gris. Antennes plus longues que le corps , d'un rouge-brun.

Corselet arrondi, un peu plus étroit en avant qu'en arrière, rouge-brun, avec un grand anneau jaune brunâtre qui est plus étroit en avant, et qui offre un prolongement au milieu en arrière ; il s'élargit sur les côtés en s'approchant très près du bord externe du corselet ; il est très large en arrière, mais il s'éloigne du bord postérieur.

Élytres très longues et étroites ; bord externe formant un arc très léger ; elles sont d'un brun rougeâtre, sans taches (dans le *B. Australasiæ*, le bord externe des élytres forme au milieu un angle obtus) ; ailes aussi longues que les élytres ; abdomen brun, avec les tarières anales pointues et longuement velues. Pattes d'un rouge-brun ; hanches d'un jaune pâle.

## 54. *Blatta lateralis.*

B. thorace nigro, elytris lividis ; thoracis elytrorumque lateribus abdominisque margine pallidis.

Brésil, Sainte-Catherine. — Entre les feuilles de l'ananas.

Longueur, 9 à 11 lignes.

Tête noire ; parties de la bouche et yeux jaunes. Antennes brunes, beaucoup plus courtes que le corps. Corselet plus large que long ; bord postérieur droit, à angles arrondis ; étroit en avant, tronqué droit ; d'un brun foncé ; bords latéraux jaune pâle : il est étroit chez quelques espèces, et déchiqueté chez d'autres.

Élytres assez larges, de médiocre longueur, d'un jaune brunâtre, plus clair à leur extrémité ; bords latéraux larges à la moitié antérieure, d'un jaune clair. Abdomen brun foncé, à bord d'un jaune clair en dessus et en dessous ; jaunâtre en dessous et au milieu de sa base. Pattes et hanches d'un jaune brunâtre.

## 55. *Blatta elegans.*

B. livida, supra cinerea ; capitis fasciis, thoracis lineis lateralibus maculisque disci elytrisque lineolá basi nigris, thoracis lateribus incarnatis.

De l'île Luçon.

Longueur, 10 lignes.

Tête d'un jaune gris, avec une bande transversale large et noire entre les yeux, et une autre plus étroite au bord antérieur du corselet. Yeux jaunes. Antennes brunes, plus courtes que le corps ; premier article jaune.

Corselet beaucoup plus large que long, tronqué droit en avant ; côtés très dilatés derrière le milieu, où ils forment un angle obtus ; couleur principale d'un gris jaune ; côtés couleur de chair, entourés par une ligne latérale noire et large ; cette dernière n'atteint pas le bord antérieur, et présente à sa moitié antérieure une petite interruption ; on voit de chaque côté, dans le milieu, cinq taches irrégulières d'un brun obscur, qui se touchent, et à la moitié antérieure, une ligne moyenne, d'un brun obscur, qui est fendue antérieurement.

Élytres de même longueur et largeur que l'abdomen, d'un gris foncé ; bords latéraux larges et couleur de chair claire au tiers antérieur, qui est entouré en dedans par une ligne noire très courte. Abdomen jaune brunâtre ; côtés brun foncé ; bord externe étroit, avec un trait transversal d'un blanc jaunâtre à chaque segment abdominal et de chaque côté. Pattes d'un jaune sale.

### 56. *Blatta spectrum*.

B. fusco-ferruginea ; thorace elytrisque albis ; thoracis macula quadrata, scutello punctisque elytrorum atris : humeris appendiculatis.

**Du Brésil, Sainte-Catherine.**

Longueur du corps depuis la tête jusqu'à l'extrémité des élytres, 1 pouce.

Tête noire, bouche jaune. Yeux gris. Antennes brunes, noires à leur base, plus courtes que la tête. Corselet presque une fois aussi large que long, arrondi en avant, droit en arrière ; côtés avec un angle saillant, obtus, à bord épais ; ridé sur les côtés ; ayant de gros points très épars dans le milieu ; d'un blanc jaunâtre ; au milieu, une tache carrée qui atteint le bord postérieur, et renferme en avant deux petites taches blanches. Écusson grand, triangulaire, noir.

Élytres beaucoup plus longues que le corps, très élargies au devant du milieu, ayant les angles antérieurs prolongés en un appendice allongé, arrondi, redressé ; surface élevée, rétiforme, d'un blanc jaunâtre, avec une ligne longitudinale courte à leur base ; on voit plusieurs points épars et des taches très grosses, de couleur brun-noir, dans le milieu de l'élytre gauche. Dessous du corps, ainsi que les pattes, brun obscur ; bords latéraux de l'abdomen d'un jaune-brun.

## 57. *Blatta punctata.*

B. nigro-fusca, supra sericea, thorace postice sinuato, elytris castaneis punctato-striatis.

**Des îles Sandwich. Dans les champs.**

Longueur, 8 lignes; large.

Tête noire. Yeux et labre jaunes. Antennes brunes, de la longueur du corps. Corselet beaucoup plus large que long, semi-lunaire; non bordé, bombé transversalement; d'un brun foncé, recouvert d'un duvet fin, brunâtre; angles postérieurs un peu saillants en arrière, obtus; bord antérieur étroit, ordinairement d'un rouge-brun. Écusson triangulaire, noir.

Élytres plus larges que le corselet, de la longueur du corps, d'un brun-marron; stries formées par des points dont les rangées s'étendent obliquement de dehors en dedans; recouvertes d'un duvet brunâtre, comme le corselet. Dessous du corps, ainsi que les pattes, d'un brun-noir.

## 58. *Blatta cassidea.*

B. flava, thorace inæquali alutaceo medio atro, elytris abbreviatis : basi vitta abdomineque supra fasciis atris.

**Du Brésil, Sainte-Catherine.**

Longueur, 1 1/2 pouce; largeur, 10 lignes.

Tête cachée, d'un brun-noir; une bande jaune au devant des yeux, qui sont gris. Antennes noires, beaucoup plus courtes que le corps. Corselet un peu plus large que long, triangulaire, arrondi, s'avançant fortement sur la tête ; bords extérieurs et latéraux très arqués en arrière ; une fossette profonde de chaque côté , un léger renfoncement dans le milieu , d'où il résulte trois grosses tubérosités qui sont garnies de fortes granulations ; bord postérieur presque droit, angles postérieurs arrondis. Couleur principale jaune ; une grande tache carrée au bord postérieur ; une strie moyenne, très large, noire , ainsi que le bord postérieur ; les granulations de la surface d'un rouge brun, ainsi que les bords antérieurs et latéraux. Écusson jaune, avec une ligne médiane brune.

Élytres aussi larges que le corselet, moitié plus longues que larges , recouvrant seulement la moitié de l'abdomen , arrondies en arrière. Surface bombée , finement ridée , d'un jaune-brun avec une longue tache noire à la base. Point d'ailes. Abdomen court, plus large que les élytres, ayant en dessus des bandes transversales larges , noires, qui ne laissent de jaune qu'une tache triangulaire sur les côtés , et un faible trait à la base des segments abdominaux : segment anal jaune, avec les côtés brunâtres et l'anus brun en dessous. Tarière très courte.

Un individu à élytres courtes , trouvé vivant dans une fente de bois , changea de peau malgré sa captivité ; ses élytres prirent un très faible accroissement en longueur, mais il n'eut point d'ailes. D'autres individus à élytres complètes étaient aussi sans ailes.

### 59. *Blatta signata.*

B. aptera : elytris brevissimis ; nigra, signaturis pallidis
variegata , thorace annulo basi medio interrupto
maculisque duabus disci pallidis.

Ile Luçon.

Longueur, 10 lignes.

Tête noire avec une bande jaune sur la nuque et
deux bandes au devant des yeux qui sont gris. Antennes
brunes , plus longues que le corps. Corselet plus large
que long ; bord postérieur coupé droit ; angles obtus,
étroit en avant, avec les côtés arrondis ; un peu bombé, non
bordé, avec un anneau jaune, qui, étroit sur les côtés
et en avant , longe les bords et envoie un prolongement
d'avant en arrière au milieu ; cet anneau , placé en arrière plus loin du bord , forme une plus grande largeur
en se prolongeant ; il est toujours séparé, dans le milieu,
par un intervalle large , quelquefois aussi sur les côtés,
ce qui fait qu'alors au bord postérieur il y a deux taches
au milieu du corselet, il y a en outre deux taches transversales jaunes , allongées.

Élytres un peu plus longues que le premier segment
pectoral ; très étroites, noires ; extrémités arrondies ;
une tache jaune triangulaire , près du bord externe ; sur
le premier segment pectoral se trouve une grande tache
jaune avec un point noir, ou une tache étroite , pédicu-
lée : sur le second segment pectoral il y a deux lignes
transversales jaunes , très sinueuses , contiguës , et au
bord externe une tache allongée , jaune.

Abdomen d'un brun obscur, chaque anneau ayant une

tache transversale jaune en dessus, sur les côtés; sur un individu il s'est trouvé que sur le premier segment il y avait de plus une ligne transversale jaune. Pattes jaunes, avec des lignes brunes et des épines : hanche d'un jaune pâle, avec une grande tache noire. Chez quelques espèces, les jambes postérieures et les tarses sont d'un brun uniforme.

60. *Blatta aterrima.*

B. aterrima, pustulata, aptera; elytris brevissimis apice truncatis.

Sur les îles coralifères de Radack, de la mer du Sud.

Longueur, 11 lignes; largeur, 6 lignes.

Corps entièrement d'un noir foncé très luisant. Yeux gris. Antennes d'un noir-brun, plus courtes que le corps. Corselet beaucoup plus large que long, tronqué droit en arrière ; angles postérieurs pointus ; côtés et bord antérieur très arqués. Surface bombée et finement ponctuée.

Élytres très étroites, pas plus longues que le premier segment pectoral, tronquées obliquement à leur extrémité, très ponctuées. Segments pectoraux et abdominaux finement ponctués.

61. *Blatta saxicola.*

B. aptera, atra, rugosa ; thorace granulato ; pectore pedibusque rufo piceis.

Sur les pierres, au cap de Bonne-Espérance.

Longueur, 9 lignes; largeur, 5 lignes.

Dessous du corps très bombé ; d'un noir mat. Tête

noire, cachée sous le corselet ; labre jaune. Yeux gris.
Antennes brunes, de la largeur de la moitié du corps.
Corselet presque une fois aussi long que large ; côtés et
bord antérieur formant un arc très prononcé par devant
la tête : milieu et angle postérieur s'avançant un peu en
avant ; non bordé, très bombé, ponctué, ridé et à granulations grosses et éparses. Élytres et ailes manquant
entièrement.

Segment pectoral ridé, ponctué, à bord postérieur
très échancré ; segments dorsaux à granulations éparses.
Dessous du corps d'un brun-noir : pattes et hanches
d'un rouge-brun.

Parmi les grandes espèces que je possède, aucune
n'était ailée, ce qui me fait penser que, d'après ces circonstances, ce sont des femelles que j'ai obtenues ; d'autant que j'ai trouvé parmi elles, une autre fois, plusieurs
jeunes individus, pâles, de la même forme, qui étaient
aussi aptères ; il n'y avait rien de remarquable aux ovi-
ductes.

Il est étonnant que cet insecte, si commun sur les
pierres des environs de la ville du Cap, n'ait encore été
décrit par aucun naturaliste : car il serait à desirer que
l'on fût certain que cette blatte est réellement aptère,
quoique les circonstances semblent le dénoter ; il est
présumable que personne n'en a encore trouvé d'ailées,
et qu'on l'aura prise jusqu'à présent pour une larve.

### 62. *Tenthredo fuscicornis.*

T. atra ; antennis, abdominis medio pedibusque rufo-
piceis ; ore, thoracis maculis scutelloque albis.

Du Kamtschatka ; Saint-Pierre-et-Saint-Paul.

Longueur, 6 lignes environ.

Elle a une très grande analogie dans le port et le dessin
avec la *T. scutellaris* Fab., dont elle diffère particuliè-
rement par la couleur des antennes et de l'écusson. Tête
( de la seule femelle que je possède ) noire ; la tache
triangulaire qui est entre les antennes, le chaperon,
un demi-cercle entre les yeux, et toutes les parties de
la bouche, sont d'un blanc jaunâtre. Yeux gris. Antennes presque aussi longues que la moitié du corps, d'un
brun rougeâtre sale, filiformes, très minces à leur extrémité, composées de neuf articles, dont les trois premiers
noirs à leur base.

Corselet noir; côtés du collier jaunes ; écailles des ailes,
partie moyenne de l'écusson et granulations dorsales,
jaunâtres ; une grande tache blanche à chaque hanche.
Abdomen noir, large ; une tache blanche de chaque côté
du premier segment; troisième, quatrième et cinquième
segments d'un rouge-brun en dessus, avec de grandes
taches noires en dessous. Ailes plus longues que le corps,
transparentes ; côte et point de l'aile d'un jaune-brun, à
nervures noires ; cellule marginale partagée, cellules cen-
trales au nombre de trois. Pattes d'un rouge-brun : base
des pattes postérieures noire, ainsi que les cuisses postérieures.

### 63. *Tenthredo subcœrulea.*

T. atra ; abdominis tergo atra cæruleo ; mandibulis,
palpis, pedibusque pallidis.

**De l'île Unalaschka.**

Longueur, 5 lignes.

Analogue à la *T. Mandibularis*. Téte noire ; mandibules jaunes, ayant la pointe brune et une petite tache
noire à leur base. Palpes jaunes ; chaperon de quelques individus ayant une tache jaune de chaque côté.
Antennes un pen plus longues que le corselet, filiformes,
noires. Corselet noir mat ; granulations dorsales jaunâtres. Hanche avec une tache jaune ; abdomen noir, luisant, d'un bleu noirâtre en dessus. Ailes plus longues
que le corps, transparentes, à côtes et nervures d'un
brun noirâtre ; cellules marginales séparées, cellules cen-
trales au nombre de trois. Pattes jaunes, à base noire ; les
postérieures à épines jaunes : tarses postérieurs bruns.

### 64. *Tenthredo nigro-fasciata.*

T. atra ; corpore subtus, capite thoracis maculis, scutelloque flavis ; vertice capitis abdominisque fasciis
nigris, parastigmate brunneo.

**De l'île Unalaschka.**

Longueur, 4 lignes.

Elle appartient à la division des mouches à scies, dont
les cuisses postérieures dépassent l'abdomen, et elle se
rapproche beaucoup de la *T. vaga* Fab. Téte d'un jaune
clair, avec une grande tache noire sur le vertex, à bord

postérieur noir. Yeux gris. Antennes plus longues que la
moitié du corps , sétacées , noires ; premier article blanc
en dessous. Corselet ayant en dessus deux traits longitudinaux jaunes , et le bord antérieur formant un collier
de la même couleur. Écusson jaune ; granulations dorsales brunes. Poitrine d'un jaune clair, avec une tache
noire sur les côtés. Abdomen court , large , noir et luisant en dessus ; les segments dorsaux bordés postérieurement sur les côtés de jaune clair très étroit ; segments
abdominaux d'un jaune clair ; leur base , depuis le milieu
jusqu'à la moitié , noire.

Ailes un peu plus longues que l'abdomen , transparentes , à nervures et point marginal brun foncé ; cellule
marginale divisée ; cellules discoïdales au nombre de
trois ; la nervure récurrente , les deux cellules marginales et les deux premières cellules discoïdales, d'un jaune
clair. Pattes d'un jaune clair à leur base. Pattes antérieures , moitié inférieure des cuisses postérieures , et
jambes postérieures , ayant à leur côté supérieur un trait
longitudinal noir : tarses postérieurs noirs.

## 65. *Nematus crassus.*

N. ater ; capitis lateribus, stethidii lineis, scutello pleu-
risque castaneis ; tibiis pallidis.

**Ile Unalaschka.**

Longueur, 4 lignes.

Corps épais. Tête noire au milieu , d'un brun-châtain
sur les côtés ; parties de la bouche jaunes. Antennes plus
longues que la moitié du corps , filiformes , noires. Cor-

selet à bords bruns ; deux lignes longitudinales sur la poitrine, l'écusson, et la majeure partie des côtés de la poitrine, d'un brun-marron. Abdomen bombé, luisant, noir. Ailes plus longues que le corps, larges, transparentes, à côte et point marginal jaunes, à nervures brunes ; cellule marginale simple, s'étendant presque jusqu'à la pointe ; trois cellules discoïdales. Pattes jaunes ; une longue tache noire sous les cuisses antérieures : cuisses postérieures noires, à extrémité jaune.

## 66. *Nematus longicornis.*

N. ater ; abdominis tergi fusci margine, ventre pedibusque pallidis ; femoribus posticis nigris ; alarum costa pallida, parastigmate brunneo.

**Ile Unalaschka.**

Longueur, 2 1/2 lignes.

Tête noire ; labre jaunâtre. Yeux gris clair. Antennes plus longues que la moitié du corps, sétacées, noires. Corselet noir ; son bord antérieur formant un collier jaunâtre : abdomen large, plat ; dos brun-noir ; bords latéraux d'un jaune clair ; ventre jaune. Ailes plus longues que le corps, étroites, transparentes : côte jaune ; point marginal et nervures, bruns ; cellule marginale simple ; cellules discoïdales au nombre de trois. Pattes jaunes. Cuisses postérieures d'un brun-noir au milieu.

### 67. *Stictia chilensis*.

S. nigra ; clypeo, labro, jugulique marginibus flavis ;
metathorace cinereo villoso immaculato ; abdomine
subcæruleo ; segmentis maculis supra quatuor subtus
duobus transversis albis.

Chili, Conception.

Longueur, 10 lignes.

Tête noire, garnie de poils d'un gris-blanc. Yeux bruns,
entourés de jaune à leur moitié externe et dans toute leur
longueur ; moitié interne seulement à moitié jaune ; chaperon et labre jaunes ; le premier ayant, de chaque côté
de sa base, un petit trait noir. Mandibules jaunes, à pointes brunes, avec deux petites dents internes ; mâchoires
brunes. Antennes courtes, noires, à articles de la base jaunes en dessous. Corselet noir, finement granulé, couvert
de poils gris clair, immaculé en dessus jusqu'aux écailles
jaunes des ailes ; bord postérieur du dessous du cou et bord
antérieur des côtés de la poitrine, larges, jaunes ; deux
traits transversaux jaunes sur les hanches. Abdomen nu,
un peu velu à la base, noir, à reflet métallique bleuâtre ;
chacun des cinq segments dorsaux a quatre grandes taches
jaunâtres nacrées ; celles du premier segment sont d'égale
grandeur et triangulaires ; celles des autres segments
ont une forme allongée, et les externes surpassent les
moyennes en grandeur. Parmi les segments abdominaux,
il n'y a que les quatre postérieurs qui aient également
de grandes taches transversales nacrées, dont deux sur
chaque segment. Segment anal pointu, ayant, en dessus
et en dessous, une tache cordiforme blanche.

Ailes entièrement transparentes. Pattes jaunes ; la majeure partie des cuisses et un trait sur le côté supérieur des jambes, noirs.

Mes individus sont des femelles ; car, outre l'article anal, elles n'ont que cinq anneaux abdominaux. Le *Bembex lineata* Fab. doit lui ressembler beaucoup.

### 68. *Cerceris formicaria.*

C. atra ; fronte, pedibus, thoracis maculis, abdominisque fasciis quatuor flavis ; segmento secundo basi, tertio quinto sextoque apice flavis.

Île Luçon, près de Manille.

De la grandeur du *Cerc. quinquecincta*, mais la forme de l'abdomen est différente, et il paraît se rapprocher davantage du *C. Circularis.*

Tête large, grossièrement ponctuée, noire ; hypostome et mandibules jaunes. Yeux gris clair. Antennes atteignant la base des ailes, grossissant à leur extrémité ; premier et deuxième articles de la base noirs ; leur base jaune ; fléau d'un brun noirâtre en dessus, d'un rouge-brun en dessous à la base et à l'extrémité. Corselet grossièrement ponctué, noir ; deux taches du collier, épaulettes, écusson étroit, et deux taches longues et larges sur le derrière du dos, jaunes. Abdomen effilé, grossièrement ponctué, noir ; premier segment étroit, aussi long que large, immaculé ; le second segment du dos encore une fois aussi large que le précédent, court, avec une bande transversale large à la base ; troisième segment dorsal jaune, avec une tache transversale noire à la base, dans le milieu ; quatrième, sans tache et noir ; cinquième et sixième, larges sur les côtés, légèrement jaunes au milieu du bord postérieur ; segment anal caréné, sans taches ; deuxième, troisième et quatrième segments abdominaux ayant chacun et de chaque côté une tache transversale jaune.

Ailes un peu plus courtes que l'abdomen, transparentes. Ailes supérieures noirâtres à l'extrémité ; nervures et point marginal d'un brun foncé ; cellules comme dans la *C. Quinquecincta*. Pattes et base des hanches jaunes ; cuisses antérieures avec une tache noire en dessus ; cuisses postérieures noires, ainsi que l'extrémité des jambes postérieures ; tarses postérieurs noirâtres.

### 69. *Pompilus spinimanus.*

P. atro - cæruleus ; alis nigro - violaceis ; tarsis anticis extus longè spinoso ciliatis.

**Chili, Conception.**

A peu près de la grosseur du *P. Viaticus.*

Tête d'un bleu foncé, garnie de poils longs, noirs, fins en dessus, et serrés en dessous. Antennes atteignant jusque derrière le dos, noires ; leur base ovale, épaisse. Yeux gris. Corselet d'un bleu foncé avec quelques points fins ; son appendice postérieur aplati ; écusson large.

Ailes plus courtes que l'abdomen, d'un brun-noir à reflet violet obscur, surtout en dessous. Abdomen bleu foncé, un peu velu à son extrémité et en dessous. Pattes d'un bleu foncé, avec leur base légèrement velue ; jambes et tarses épineux ; aux tarses antérieurs , les épines externes, dont deux situées à chaque article des tarses, sont très longues.

### 70. *Apis capensis.*

A. nigro-fusca ; abdomine supra nudo, basi villoso ; segmento secundo basi ferrugineo ; segmentis ventralibus anticis apice flavis.

Cap de Bonne-Espérance.

Longueur, 5 1/2 lignes.

Couleur principale du corps d'un brun-noir. Occiput avec des poils longs serrés, noirs. Front avec des poils courts, hérissés, d'un jaune-gris. Hypostome à villosités couchées, d'un blanc-gris. Joues d'un blanc-gris, garnies de longs poils. Mandibules d'un brun-noir à leur base ; le reste d'un rouge-brun. Yeux jaunes et à poils jaunes ; base des antennes brune ; le reste noir.

Corselet d'un brun noirâtre, garni de longs poils d'un jaune grisâtre, serrés. Abdomen noir, aussi large que le corselet : premier segment dorsal garni de longs poils et de fossettes jaunâtres ; les autres segments dorsaux presque nus, garnis çà et là de petits poils très courts, noirs et couchés ; deuxième segment d'un gris jaunâtre à sa moitié antérieure ; troisième et quatrième, un peu gris à leur base. Ventre à poils épars, noirs ; les quatre segments antérieurs larges, bordés de jaune clair.

Ailes transparentes, à côte brune, ayant des cellules semblables à celles de l'*A. Mellifica.* Pattes d'un noir-brun , à tarses bruns. Côté interne des jambes posté-

rieures garni de soies serrées , courtes , couchées et jaunes : métatarse étroit et long ; crochets d'un rouge-brun.

## 71. *Apis bifasciata.*

A. nigra ; scutello, ventre, fasciisque duabus abdominis
flavis ; segmento secundo tertioque basi cingulis pallidis.

Ile Luçon , près de Manille.

Longueur, 4 3/4 lignes.

Tête noire ; occiput garni de poils fins , longs et noirs ;
poils du front plus courts ; hypostome à duvet fin , couché ; jaunâtre ; joues à poils longs , blanchâtres. Mandibules brunes , à base noirâtre. Yeux jaunes , à poils
jaunes. Antennes noires , à base jaune.

Corselet noir ; côtés très velus , jaunes. Dessus du dos
luisant , à poils très fins. Écusson jaune. Abdomen un
peu plus large que le corselet , allongé ; premier segment dorsal noir , à fossette jaune , à poils longs ; les
autres segments dorsaux à petits poils très courts , couchés : moitié antérieure des deuxième et troisième segments d'un jaune-brun ; le bord du troisième segment
est jaune, et le quatrième , à sa base , à une bande étroite
de poils d'un jaune d'or. Ventre jaune, à poils courts.

Ailes transparentes ; cellules semblables à celles de
l'*A. Mellifica*. Pattes entièrement noires ; jambes postérieures à face interne jaunâtre , garnie de poils épars , et
brunes au milieu. Crochets jaunes. Tarses triangulaires ,
pointus.

Le genre *Apis* est très bien caractérisé par ses yeux

velus et ses segments abdominaux profondément échancrés.

### 72. *Scutellera Schonherri*. (Tab. 2, fig. 1.)

S. subtus sanguinea, supra crocea ; capite supra , thoracis marginibus , scutelli punctis duobus baseos
apiceque, elytris pedibusque cæruleis.

**Ile Luçon, près de Manille.**

Longueur, 10 lignes ; largeur, 5 lignes.

Tête allongée , pointue , rebordée sur les côtés , pointillée en dessus , d'un bleu foncé , avec une ligne longitudinale d'un rouge jaunâtre , et un rang de points bruns
au-devant des yeux ; elle est d'un bleu-noir en dessous
près de la base des antennes , sous lesquelles elle est d'un
rouge de sang. Yeux petits , d'un brun-noir. Antennes
de la moitié de la longueur du corps , noires , filiformes ,
à articles cylindriques ; le troisième , trois fois plus long
que le second.

Corselet d'un tiers aussi large que long , plus étroit en
avant qu'en arrière , très échancré en avant : ses parties
latérales sont peu rebordées ; elles se dirigent d'avant en
arrière , fortement en dehors , puis en ligne droite au
milieu , et se rétrécissent de nouveau pour former en arrière des angles droits ; son bord postérieur est droit :
surface plate en avant , un peu bombée en arrière , pointillée , d'un jaune-rouge , ayant un contour étroit , bleu
foncé , aux bords antérieurs et latéraux , et un autre plus
large , et échancré en avant à la partie postérieure des
bords latéraux et au bord postérieur , mais qui laissent
une place libre et étroite dans le milieu de ces derniers ;

on remarque en outre près du bord antérieur, de
chaque côté, une tache transversale lisse jaunâtre.

Écusson très bombé, pointillé, recouvrant entièrement l'abdomen ; plus étroit en avant que le corselet,
s'élargissant un peu en arrière au-delà du milieu ;
d'un jaune safran, avec deux taches d'un bleu-noir
près du bord antérieur. Les angles antérieurs et deux
longues taches marginales connexes à la pointe, de la
même couleur. Élytres d'un bleu foncé ; ailes noirâtres ;
dessous du corps d'un rouge sanguin : une petite tache
bleue, cambrée, placée de chaque côté du dessous du cou ;
côtés de la poitrine bleus. Ventre ayant une tache noirâtre, peu distincte, au bord externe de chaque segment, et une tache noire à l'anus. Pattes bleues.

En nommant cet insecte, j'ai voulu rendre hommage
à M. Schonherr, conseiller du commerce, à qui l'entomologie est si redevable.

### 73. *Scutellera Germari*. (Tab. 2, fig. 2.)

S. viridi aurata ; scutello maculis quinque rotundis sextoque triangulari atris ; thorace cærulescenti trima-
culato ; antennis compressis canaliculatis.

Île Luçon, près de Manille.

Longueur, 5 lignes ; largeur du corselet, 3 lignes.

Tête presque aussi large que longue, échancrée au
devant des yeux, bombée, lisse, d'un vert doré, avec
un trait longitudinal au milieu, d'un bleu foncé. Yeux
grands, bruns. Antennes plus longues que la moitié du
corps, noires ; les deux premiers articles cylindriques.

lisses ; le troisième, quatre fois plus long que les précédents, mince à sa base, plus large ensuite et aplati vers l'extrémité ; le quatrième, un peu plus long et plus large que le précédent, excavé en dessus et en dessous dans sa longueur ; le dernier, de même longueur que le quatrième, mais plus mince, pointu et sillonné.

Corselet une fois aussi large que long, légèrement échancré en avant, et un peu plus étroit qu'en arrière ; angles antérieurs obtus ; côtés très saillants en dehors, formant près de leur milieu des angles arrondis, échancrés et non bordés, derrière lesquels il est étroitement bordé : bord postérieur droit ; surface très bombée, finement ponctuée, avec une impression transversale finement pointillée au bord antérieur ; il est bleu postérieurement et sur les côtés, verdâtre en avant, avec deux espaces d'un vert doré luisant à sa partie antérieure, et trois grandes taches contiguës, rondes, noires, placées transversalement derrière ceux-ci.

Écusson beaucoup plus étroit en avant que le corselet, couvrant l'abdomen, très bombé, pointillé jusque sur le bourrelet transversal du bord antérieur, d'un vert doré, avec six taches noires, savoir : une très grande, triangulaire, à la partie antérieure du milieu ; à côté de celle-ci, deux plus petites, rondes, derrière lesquelles on en voit deux autres semblables ; enfin une très petite, arrondie, près de la pointe. Élytres d'un bleu-noir. Ailes transparentes dans leur plus grande partie, d'un brun-noir à l'extrémité.

Dessous du corps vert doré ; partie postérieure du dessous du cou et de la poitrine bleue ; ventre ponctué et ridé; la place enfoncée des stigmates et la majeure partie antérieure de chaque segment ventral sont noires dans le milieu. Pattes bleues.

Quand il est vivant, la couleur de cet insecte est d'un vert doré très vif et remarquable; mais, après sa mort, la tête, tout le corselet et le dessous du corps deviennent d'un bleu terne.

En donnant à cet insecte le nom qu'il porte, j'ai voulu rendre hommage à M. le professeur Germar, connu de tous les entomologistes par son mérite et son haut savoir dans la science.

## 74. *Scutellera deplanata.*

S. subrotunda atra; antennis, pedibus, elytris, scutelli abdominisque margine cum punctis submarginalibus abdominis flavis.

Ile Luçon, près de Manille.

Longueur, 3 lignes; largeur, 2 1/2 lignes.

Corps un peu aplati, noir et luisant en dessus. Tête une fois aussi large que longue, aplatie, très finement ridée; bord antérieur arrondi, ayant quatre petites taches d'un rouge-brun, peu distinctes. Yeux saillants sur les côtés, triangulaires, jaunes. Antennes plus courtes que le corselet, jaunes, insérées entre les yeux et le bec, près du bord postérieur de la tête; deuxième article très court; les autres d'égale longueur; les trois derniers velus.

Corselet plus d'une fois aussi large que long, profondément échancré en avant, étroitement bordé; angles antérieurs et côtés arrondis ; bord postérieur légèrement arrondi ; sa surface est un peu bombée transversalement, finement ponctuée ; bordure latérale étroite, jaune, à contour relevé, brun. Écusson plus large que long, arrondi et très obtus en arrière, couvrant une grande partie de l'abdomen, bordé, assez fortement bombé, grossièrement ponctué, ayant un encadrement étroit, jaune, accompagnant tout le bord externe, qui est brun et relevé ; deux points d'un rouge brun placés au bord antérieur.

Élytres presque une fois aussi longues que l'écusson. Leur partie cornée jaune ; leur partie membraneuse transparente, avec des nervures brunes très prononcées. Ailes courtes, transparentes, à nervures brunes. Dessous de la tête excavé, luisant ; dessous du cou et poitrine gris mat. Ventre luisant, noir ; tout son bord externe jaune, ainsi qu'une rangée de points qui l'accompagne. Pattes jaunes ; la majeure partie des cuisses brunâtre.

Cette espèce ressemble par la forme aux *Tetyra Lundii* et *Vahlii* F.

### 75. *Scutellera albipennis.*

S. atra, punctata ; elytris basi fulvis fusco marginatis ; apice albis ; antennis tarsisque ferrugineis ; tibiis spinosis.

Chili, Conception.

Longueur, 1 3/4 lignes.

Corps oblong, noir. Tête plus large que longue, obtuse en avant, presque aplatie, pointillée. Yeux saillants , bruns. Antennes presque aussi longues que le corselet, brunes ; deuxième article plus court que les autres. Corselet presque une fois aussi large que long, légèrement échancré en avant, à angles obtus ; côtés fortement arqués et bordés étroitement ; bord postérieur légèrement arrondi, étroitement rebordé, un peu bombé, finement ponctué et sans taches.

Écusson un peu plus long que large, couvrant tout l'abdomen, très arrondi à la pointe, bombé et gibbeux au milieu, pointillé, sans taches. Partie cornée des élytres jaune. Bord externe étroit, brun foncé, ainsi qu'une ligne longitudinale large, en massue, au bord interne ; partie membraneuse des élytres blanchâtre, ainsi que les ailes, qui sont sans nervures distinctes. Dessous du corps noir, finement ponctué. Pattes noires, courtes ; jambes garnies d'épines longues, rapprochées ; tarses bruns.

### 76. *Scutellera bufo.*

S. hæmispherica , brunnea , supra flavo irrorata ; thoracis lateribus emarginatis ; abdominis lateribus pedibusque flavis.

Ile Luçon, près de Manille.

Longueur, 2 1/2 lignes ; largeur, 2 lignes.

Tête aussi large que longue, un peu échancrée en avant, aplatie, lisse, brune, avec une grande tache jaune en avant de chaque côté. Yeux grands, très saillants, jaunâtres. Antennes aussi longues que le corselet, grosses, d'un jaune-brun ; le second article est le plus court. Corselet plus d'une fois aussi large que long, profondément échancré en avant ; angles antérieurs larges, arrondis ; côtés profondément échancrés au milieu ; bord postérieur droit au milieu, ayant les côtés tournés en avant ; surface très bombée, finement ponctuée ; à la moitié du bord antérieur on voit une ligne parallèle ponctuée dans toute sa largeur ; angles latéraux postérieurs bombés, d'un brun foncé ; bord antérieur large ; sur la surface, un grand nombre de petites taches jaunâtres réunies entre elles.

Écusson plus large au milieu qu'en avant, plus large que long, obtus en arrière, très bombé en avant, déprimé postérieurement, avec une ligne transversale au bord antérieur ; grossièrement ponctué, d'un brun foncé, parsemé entièrement de petits dessins jaunes qui se touchent. Élytres transparentes, avec un trait jaune à leur base et de fortes nervures à leur extrémité. Dessous du cou et poitrine d'un gris mat. Ventre noir et luisant au milieu, jaune sur les côtés, avec une ligne transversale fine, et un point sur chaque segment de couleur brune. Pattes jaunes ; jambes mutiques.

## 77. *Scutellera cincta.*

S. subrotunda, brunnea; thoracis margine lineisque transversis, scutelli margine omni, abdominis maculis marginalibus, antennis pedibusque flavis.

Ile Luçon, près de Manille.

Longueur, un peu plus d'une ligne; largeur, un peu moins d'une ligne.

Tête un peu plus longue que large, jaune, formant en avant un angle obtus; l'occiput et une ligne médiane sont d'un brun foncé. Yeux grands, jaunes. Antennes jaunes, aussi longues que le corselet; le deuxième article est le plus court. Corselet plus d'une fois aussi large que long, très échancré en avant et beaucoup plus étroit qu'en arrière; côtés légèrement échancrés; surface bombée, pointillée, d'un brun-noir; bords latéraux entièrement jaunes, offrant, à leur moitié antérieure, une ligne longitudinale brune; côtés, bord antérieur, une ligne transversale interne presque dans le milieu, à la moitié antérieure, et une autre peu distincte dans le milieu, au devant du bord postérieur, jaunes.

Écusson plus large que long, obtus en arrière, bombé en avant, incliné en arrière, grossièrement ponctué, d'un brun-noir. Bordure antérieure large, bordure extérieure étroite, lisse, jaunes. Il y a encore plusieurs taches jaunes, connexes, dans le milieu. Élytres jaunes à la base. Dessous du cou et poitrine d'un gris mat. Ventre d'un noir luisant, ponctué; une grande tache jaune, triangulaire, de chaque côté des segments. Pattes jaunes.

# HALOBATES.

Ce nouveau genre de Punaise, de la famille des Cimicides Plotères Lat., est très voisin des Velia et Gerris Lat. ; il a pour patrie les rivages incultes de l'Océan. En voici les caractères :

Antennæ articulo basali elongato.
Rostrum breve, conicum, vagina triarticulata.
Collare annuliforme. Thorax maximus, apterus.
Tarsi antici triarticulati ; articulo secundo ultra tertium unguiculorum protenso ; posteriores biarticulati, exunguiculati.

Tête saillante, large. Yeux grands ; point d'ocelles. Chaperon saillant, bombé ; labre ovale, cambré, pointu ; bec de trois articles : premier article court, large ; le deuxième est le plus long ; le dernier courbé, pointu. Trois soies. Antennes insérées au devant des yeux, sur une forte élévation de la tête, de quatre articles, filiformes ; premier article le plus long.

Collier très court, annuliforme. Corselet très grand, sans ailes. Abdomen très court ; segment anal du mâle pointu ; celui de la femelle grand, large et rhomboïdal. Pattes antérieures courtes, à cuisses épaisses. Jambes d'égale longueur entre elles, cylindriques, ayant à leur extrémité un appendice crochu se dirigeant en dedans, et qui passe dans un sillon, entre la base des pattes et des cuisses ; tarses de ces pattes paraissant, vus en dessus, consister seulement en deux articles assez longs et gros ; mais en dessous, outre ces deux articles, on en remarque un troisième très court, séparé, armé à son extrémité de deux crochets courbes.

Pattes intermédiaires depuis deux jusqu'à trois fois plus longues que le corps, insérées en dessous et à la partie postérieure du milieu du corps ; hanches très grosses, courtes. Articulations longues, ayant leur extrémité pointue fixée sur les côtés de la cuisse ; cuisses très longues, cylindriques ; jambes plus minces, plus courtes de plus de moitié. Tarses de deux articles : le premier un peu plus court que les jambes et ordinairement courbé ; le dernier court, fin à son extrémité, où il est garni de quelques poils longs.

Pattes postérieures insérées au delà des intermédiaires, d'un tiers plus courtes que ces dernières ; hanches plus longues et jambes plus fines, ainsi que les articles des tarses, dont le premier article est à peine plus long que le second, pointu et à poils longs.

Corps couvert d'écailles très fines, argentées ; pattes ordinairement noires. Ces insectes sautent à la surface de la mer et ne se trouvent que sous les tropiques ou à leur proximité. Voici la description différentielle des trois espèces qui me sont connues.

## 78. *Halobates micans*. ( Tab. 2, fig. 3. )

H. corpore conico, subtus argenteo, supra cinereo æneo micante ; oculis atris.

Des parties pacifiques et sud de la mer Atlantique.

Longueur, 1 2/3 ligne ; la plus grande largeur, 1 ligne.

Tête plus large que longue, bombée ; sa plus grande partie grise, son bord antérieur d'un blanc argenté. Yeux grands, noirs, dépassant les côtés de la tête. An-

tennes un peu plus longues que la moitié du corps,
grossissant un peu à l'extrémité; articles cylindriques,
d'un noir mat : le premier aussi long que les autres pris
ensemble ; les deux suivants d'égale longueur entre eux,
le dernier un peu plus long que le précédent.

Collier plus large que la tête ( sans les yeux ), presque
trois fois aussi large que long, fortement échancré en
avant, mais très peu en arrière ; côtés droits, inclinés;
surface peu bombée, avec deux impressions allongées au
bord antérieur ; gris, un peu luisant. Corselet un peu
plus large en avant que le collier, s'élargissant assez
fortement jusqu'au delà du milieu, puis d'égale largeur, presque deux fois aussi long que la tête et le collier
pris ensemble ; bombé en avant, incliné et échancré en
arrière, ayant dans ce dernier endroit une petite carène longitudinale moyenne, peu sensible, d'un gris
noirâtre, à reflet cuivreux : segments abdominaux d'un
gris-blanc ; dessous du corps blanc argenté. Pattes noires,
cuisses antérieures bleuâtres, avec des poils blancs à
leurs côtés internes ; jambes antérieures de même.

Je ne connais qu'un seul mâle de cette espèce.

### 79. *Halobates sericeus*. (Tab. 2, fig. 4.)

H. corpore ovali, subtus argenteo, supra albo cinereo;
oculis flavis.

Des parties calmes de la mer du Nord, près de l'équateur.

Longueur, 1 1/3 ligne ; largeur, 2/3 lig.

Corps allongé ; tête un peu plus grande et plus fortement bombée que chez le précédent, d'un gris blanchâtre,

avec deux petits points. Yeux d'un jaune-brun. Antennes
comme chez le précédent. Collier de même, mais à
impressions transversales plus prononcées. Corselet plus
large en avant que le collier, une fois et demie aussi long
que la tête et le collier pris ensemble, un peu dilaté au
milieu. Surface légèrement bombée en avant, aplatie en
arrière, d'un gris blanc, sans reflet ; dessus de l'abdomen de la même couleur. Dessous du corps aplati,
d'un blanc d'argent. Pattes antérieures grises ; les postérieures noires.

Je possède les deux sexes de cette espèce, qui est très
commune.

## 80. *Halobates flaviventris.* (Tab. 2, fig. 5.)

H. corpore cylindrico, subtus argenteo, supra albo,
abdomine maculisque pectoris apice flavis.

Mer atlantique du Sud.

Longueur, 2 lignes ; largeur, 2/3 lig.

Tête très bombée, blanche, avec une ligne élevée,
jaunâtre, à la nuque. Antennes noires, presque aussi
longues que le corselet : premier article beaucoup plus
long que les autres et un peu plus gros ; deuxième un peu
plus long que chacun des deux derniers articles qui sont
d'égale longueur entre eux. Yeux entièrement noirs
dans des individus, jaunes chez d'autres. Collier deux
fois et demie aussi large que long, blanc, avec deux
points enfoncés. Corselet beaucoup plus large en avant
que le collier, long, un peu plus large au milieu qu'à
ses deux extrémités, bombé en avant, aplati en arrière,

avec deux points enfoncés. Dessous du corps d'un blanc
argenté ; ventre jaune, ainsi qu'une grosse tache sur la
partie saillante de la poitrine, qui porte les pattes intermédiaires. Pattes antérieures d'un gris-noir, longues
comparativement aux espèces précédentes ; les autres
pattes très longues, fines et noires.

Je ne connais que deux femelles. Un *halobates* qui
se trouve dans le Musée britannique, a été pris à la
proximité de l'embouchure du fleuve Congo ; mais j'i-
gnore à quelle espèce il doit appartenir.

### 81. *Hydrometra lineata.*

H. fusca, subtus flava ; thorace lineâ cinerea ; elytris
abbreviatis, linea alba.

Ile Luçon, près de Manille ; dans l'eau d'un fossé, près d'un
champ de riz.

Longueur, 5 à 6 lignes.

Tête presque deux fois aussi longue que le corselet,
très renflée en avant, presque cylindrique, brune, avec
une fossette entre les yeux : ceux-ci sont noirs et globuleux. Antennes sétacées, plus longues que la tête
chez le mâle, aussi longues que la tête chez la femelle ; insérées sur une saillie allongée de la tête. Je n'y
ai pu compter que trois articles : le premier le plus court
(cependant presque aussi long que la portion de la tête
située derrière les yeux), conique, gros, brun-noir, à
base jaune ; le deuxième une fois aussi long, filiforme,
brunâtre, un peu plus épais et obscur à son extrémité ;
le troisième article aussi long que les deux autres pris en-

semble, filiforme, brunâtre, avec une pointe obtuse un peu plus grosse. Bec aussi long que la tête, brunâtre, rougeâtre à sa base.

Corselet plus large que la tête en avant, s'élargissant jusque vers le milieu, puis d'égale largeur jusqu'au bord postérieur, presque trois fois aussi long que large ; côtés ayant à leur partie postérieure une petite élévation gibbeuse ; bord postérieur arrondi ; surface assez aplatie, un peu enfoncée au milieu, d'un jaune-brun, avec une ligne longitudinale d'un gris-blanc dans le milieu, et une de chaque côté, courte, abaissée. Écusson assez grand, pointu à son extrémité, brun, avec deux lignes blanches.

Élytres du tiers plus courtes que l'abdomen, très étroites à leur base, élargies jusqu'au milieu ; arrondies à l'extrémité ; la droite est entièrement recouverte par la gauche à partir du milieu ; elles sont aplaties, d'un noir-brun, avec une ligne longitudinale blanche, large, qui s'étend en pointe en avant, et n'atteint pas la base, mais elle est figurée en arrière par deux traits transversaux noirs : une autre ligne plus étroite, blanche, se dirige le long du bord interne de la moitié antérieure des élytres. On remarque des ailes blanchâtres de même longueur que les élytres chez le mâle ; elles manquent chez la femelle.

Abdomen plus étroit que le corselet, terminé en pointe en arrière ; segment anal garni d'une petite tarière cornée, pointue ; dos enfoncé dans toute sa longueur au milieu, d'un brun-noir, nu, luisant, d'un brun foncé sur les côtés, avec une ligne longitudinale jaunâtre. Dessous du corps très bombé, jaune-brun, recouvert d'un

duvet blanchâtre, soyeux. Pattes fines, d'un jaune-brun,
à base jaune : cuisses et jambes noirâtres à leur extrémité.

## 82. *Thereva lateralis.*

**T.** thorace cinereo, fusco-lineato ; abdomine nigro,
fasciis lateralibus latis albis ; alis stigmate elongato
fusco ; pedibus atris.

Ile Luçon, près de Manille.

De la grandeur de la *Th. plebeïa* ( *Bibio, Fab.* ) à
laquelle elle ressemble beaucoup ; mais elle en diffère,
au premier coup d'œil, par sa forme plus grêle et ses
ailes plus étroites.

Occiput gris-blanc, avec quelques soies noires ; noir-
brun entre les yeux ; partie antérieure de la tête blanc
d'argent, ayant, à son bord antérieur seulement, de
très longs poils blancs. Yeux grands, presque contigus,
dorés. Antennes grises, aussi longues que le diamètre
de la tête ; la soie terminale épaisse, placée presque à la
pointe du troisième article ; premier article à soies noires.

Corselet gris blanchâtre, avec des poils blancs sur les
côtés ; sternum long, très bombé, nu, à quelques soies
noires près sur les côtés ; gris clair, avec une ligne longitudinale d'un brun foncé, large, et une tache allongée,
d'un brun clair sur chaque côté. Écusson presque aussi
long que large, distant du corps, aplati en dessus, avec
quatre soies noires ; gris-blanc, avec une tache ronde,
brune, à sa base.

Ailes étroites, transparentes, avec une tache oblongue,
brune, dans le milieu de leur bord antérieur. Balanciers

noirs ; abdomen en grande partie nu , garni sur les côtés et en dessous de poils blancs épars ; il est noir, et présente au bord postérieur de chaque segment une bande blanche , large , qui est interrompue sur le milieu des segments antérieurs du dos et sur tous ceux du ventre.

Pattes noires ; cuisses garnies d'écailles gris-blanc.

## 83. *Empis laniventris.*

E. fusca ; thorace antico ventreque flavo villosis ; antennis rostroque atris ; pedibus ferrugineis.

Ile d'Unalaschka.

Longueur, 4 lignes.

Tête noire. Hypostome nu ; occiput avec de longs poils noirs. Yeux bruns. Antennes noires ; les deux premiers articles seulement velus à leur pointe. Trompe noire ; palpes jaunes. Corselet brun grisâtre , avec des poils bruns sur le dos et des poils jaunes, longs , très serrés sur les côtés. Écusson gris-brun , avec quelques poils noirs.

Ailes beaucoup plus longues que le corps, un peu jaunâtres, avec les nervures brunes ; côte des ailes jaune jusqu'à la nervure la plus rapprochée ; petite nervure transversale de la pointe de l'aile très courbée. Balanciers jaunes à pédicule brun. Abdomen brun-noir en dessus , finement velu de noir, ventre gris-brun, garni au milieu, et surtout sur les côtés, de longs poils jaunes, serrés. Poitrine d'un gris-brun , non velue. Pattes d'un rouge-brun ; tarses noirâtres , couverts de poils noirs fins ; jambes

postérieures cambrées ; cuisses un peu plus épaisses que
les jambes.

## 84. *Musca obscœna.*

M. antennis plumatis, nigra; abdomine cæruleo sub-
tessellata ; gula fulvo-villosa, genis nigris.

Ile Unalaschka, près du bord de la mer.

Longueur, 6 lignes environ. Facies extérieur de la
*M. carnivora.*

Tête noire, brune sur les yeux ; hypostome rouge-
brun ; joues noires. Menton garni de longs poils serrés,
d'un rouge-brun. Corselet noir mat en dessus, à reflet
gris-blanc, finement pointillé ; noir en dessous. Ailes transparentes, à nervures noires. Abdomen large, bleuâtre ;
segments à bords obscurs et à base d'un gris-blanc changeant. Pattes noires.

## 85. *Musca dux.*

M. antennis plumatis, viridi aurea ; abdominis, segmentis cæruleo marginatis ; capite flavo, oculis pur-
pureis.

Ile Guahm (l'une des Mariannes).

Longueur, 3 1/2 lignes. Ressemble à la *M. Cæsar.*

Tête et antennes d'un jaune-brun ; soies des antennes
noires. Yeux de couleur pourpre pendant la vie, d'un
rouge-brun après la mort ; à réseaux larges à leur moitié
postérieure et très fins à l'antérieure.

Corselet d'un vert métallique, un peu bleuâtre en dessus. Écusson ayant une tache bleue à la base. Ailes transparentes. Abdomen vert doré : premier segment dorsal bleu-noir; deuxième, bleuâtre, à bordure d'un bleu-noir; troisième, à bord étroit, bleu foncé. Pattes noires.

# REMARQUES GÉNÉRALES SUR LES COLÉOPTÈRES.

## *Lucanus.*

Les deux espèces de *Lucanus* que nous avons décrites sous les numéros 1 et 2 ont en commun quelques caractères par lesquels elles diffèrent des espèces européennes, et qui peuvent servir à une division positive, fondée sur leurs différences sexuelles, et nécessitée par le nombre des espèces de ce genre et la difficulté de les reconnaître. Le principal caractère est dans le sternum, qui commence au devant des pattes antérieures et se prolonge jusqu'au bord postérieur du dessous du cou. Il n'y a, parmi les espèces d'Europe, que chez le *L. cervus* qu'on trouve une petite pointe derrière le point d'attache des pattes antérieures. Dans mes espèces de l'Amérique méridionale, la tête est tronquée droit en avant, et les mandibules sont contiguës à la base, où elles sont garnies de dents entrecroisées ; au contraire, chez les espèces européennes, le chaperon se prolonge antérieurement et inférieurement entre les mandibules, qui sont distantes entre elles à la base. La languette est insérée, chez mes espèces américaines, à la face interne de la lèvre, et son extrémité supérieure libre est partagée en deux lobes minces et velus qui s'avancent un peu sur la lèvre ; les mâchoires sont grêles, longues, avec des poils d'un jaune doré. Près de ces dernières viennent se ranger les *L. rangifer*, Sch. (*Tarandus*, Thunb.), et peut-être les

*L. bison*, F., *carinatus*, L., *antilopus*, Swed., et plusieurs autres espèces.

Parmi les espèces européennes, je ne puis concilier
entre elles que les suivantes : 1. *L. cervus*, ♂ et ♀ ;
2. *L. tetraodon*, Thunb, ♂ (dont la femelle est vraisemblablement le *L. bison*, Thunb.) ; 3. *L. impressus*,
Thunb. ? ( dans mes individus du Caucase, toutes les
impressions du corselet manquent, mais les dents des
mandibules et le nombre des feuillets de la massue des
antennes s'accordent avec la description ) ; 4. *L. paral-
lelipipedus*, ♂ et ♀ ; 5. *L. hircus*, Herbst, à sternum
gros et fortement caréné.

### *Lethrus.*

Le coléoptère nommé *Scarabæus cephalotes* par Pallas, dans la description de son voyage, est très différent
de celui d'Europe connu sous le nom de *Lethrus cephalotes* ; il est plus petit, n'ayant que cinq lignes de long ;
la partie antérieure des bords latéraux du corselet est
droite ( et non échancrée ) ; la dent inférieure des mandibules est plus courte que la supérieure chez le mâle.
L'espèce asiatique et des régions méridionales de la Tur-
quie d'Europe doit conserver le nom de Pallas ; et l'autre, donnée comme telle par tous les auteurs, mais
ayant des mandibules à longue dent inférieure recourbée, prendra le nom de *Lethrus clunipes*.

Quant à mon *Lethrus ferrugineus* ( Mém. de l'ac. de
St-Pétersb., VI ), je présume que les antennes offraient
une massue composée de trois feuillets ; car, ayant perdu
pendant le voyage les deux feuillets externes, on ne

voyait plus que celui de l'excavation de la massue : maintenant il ne reste plus d'antennes à celui que je possède. L'espèce qui en est la plus voisine est l'*Ochodæus chrysomelinus* ( *Melol. chrysom.*, Fab. ), dont il se distinguera toujours par la palette pendante dont est formé son menton.

## *Trox.*

Le *Trox brevicollis*, que j'ai décrit sous le numéro 4, ressemble beaucoup au *Tr. gemmatus*, Ol. Fab., et au *Tr. granulatus*, Herbst. Je considère ce dernier comme différent du *Tr. gemmatus* : il s'en distingue par les bords latéraux du corselet crénelés, et il doit conserver le nom que lui a donné Herbst le premier ; car ce n'est que plus tard que Fabricius a donné le même nom à un *Trox* de Barbarie. Je le caractérise ainsi qu'il suit, d'après mon individu.

*Trox granulatus*, Herbst. Ater capite bituberculato ; thoracis lateribus crenatis, elytrorum serratis, laxe ciliatis ; elytris tuberculis altis compressis lævibus postice setosis.

Des Indes Orientales. Long de six lignes. Bord de la tête non échancré au milieu ; bord antérieur du corselet dépassant de beaucoup la tête ; ses deux tubérosités longitudinales, placées sur les côtés de la ligne médiane, ont la forme de deux triangles dont les pointes sont contiguës et qui ont chacun une fossette dans leur centre. Élytres très bombées : leurs tubérosités sont élevées, oblongues, placées ordinairement sur une ligne saillante, et garnies de quelques soies à leur extrémité, ainsi que sur les carènes entrecroisées. Ainsi que le remarque Herbst, Pallas décrit cette espèce d'une manière très claire dans ses Remarques sur le *Scarab. Morticinii* (Icones Ins., p. 12, species quarta ex ora cisgangetica Indiæ).

Olivier, dans sa description du *T. gemmatus* du Sénégal, ne lui donne pas de bord crénelé au corselet, ni Illiger à son *Gemmatus* des Indes orientales, dans ses remarques sur Oliv. Ins., II, p. 9. Cependant le reste de leurs descriptions diffère assez pour qu'on les considère comme deux espèces distinctes. Mais j'ai été frappé de la coïncidence de plusieurs parties de la description du *T. horridus,* Oliv. (et non Fabr.), avec celle du *T. granulatus,* Herbst : telle, par exemple, que le corselet dont les côtés sont dilatés et crénelés; les élytres, qui doivent être chagrinées fortement et offrir quatre lignes longitudinales élevées, finement épineuses; les deux dessins de la surface des élytres s'accordent assez bien avec ceux du *Tr. granulatus,* Herbst, quoiqu'il y ait, en outre des granulations et des rangées de soies sur les élytres, comme je l'ai indiqué plus haut dans ma description. Je présume aussi que les bords de l'écusson sont de même garnis d'épines semblables; mais il n'existe pas de tubérosités à la tête.

*Trox luridus,* Fab. Depuis la publication du premier volume de la *Synonymie des Insectes* de Schönherr, on peut ajouter deux autres synonymies à cet insecte, savoir :

*Tr. sulcatus*, Thunberg. Mém. de l'Ac. des Sc.
de St-Pétersb., t. vi, p. 449.

*Tr. horridus*, Wiedemann. Germar Mag. Ent.,
t. vi, p. 130.

Je dois en donner ici la description. Mon individu
n'a que 5 1/2 lignes de longueur. On remarque sur la
tête deux carènes transversales réunies au milieu par
une carène courte, longitudinale. Les quatre carènes longitudinales, larges et rugueuses du corselet n'atteignent
pas jusqu'à son bord antérieur; sa partie antérieurement
saillante et assez unie; les élévations de son disque se
dirigent obliquement, et leurs extrémités antérieures
sont réunies entre elles par une petite carène transversale; au devant de cette dernière il y a une grande
fossette arrondie et une autre petite au devant de l'écusson. Les angles antérieurs sont aigus; chaque bord latéral commence par se diriger droit en arrière, se cambre
ensuite fortement en dehors, forme vers le milieu un
angle obtus, continue ensuite assez droit en arrière, et
forme un angle aigu en se rencontrant avec le bord postérieur. Le bord postérieur offre au milieu la forme d'un
arc dirigé en arrière, et l'on voit près de chaque angle
une petite échancrure profonde. Les soies des bords latéraux et du bord postérieur sont longues, aplaties,
brunes et très serrées; elles sont moins serrées à la partie antérieure et moyenne des bords des élytres, à l'extrémité desquelles elles deviennent plus épaisses et plus
courtes. Les tubercules des élytres sont légers en avant;
ils deviennent plus gros à mesure qu'ils approchent du

bord postérieur des élytres, qui est tronqué droit, et garni de poils serrés, épais, courts, aplatis en forme d'écailles ; entre les cinq plus grosses rangées de tubercules, il y en a encore quatre plus petites, dont chaque tubercule est garni d'une ou deux soies semblables.

C'est sans doute par hasard ou par erreur que, dans sa traduction des Coléopt. d'Olivier, t. III, p. 7, Illiger, dans le dénombrement des stries latérales sétifères des élytres, a oublié de mentionner la septième.

Le *Scarab. pectinatus* Pall., Icon. Ins., p. 10, tab. A 10, ressemble beaucoup au *Tr. luridus ;* mais il en diffère, d'après la description, par les tubérosités longitudinales parallèles, par les bords latéraux à franges courtes du corselet, par la suture nue des élytres ; et, d'après la figure, qui est assez bonne, par l'échancrure qui se voit au milieu du bord postérieur du corselet. On rapporte ordinairement cet insecte de Pallas au *Tr. horridus,* Fabr., avec lequel il se rapporte encore moins : car ce dernier, que d'ailleurs je connais peu, doit avoir le corselet garni d'un grand nombre de soies raides, et cinq stries épineuses aux élytres, en y comprenant la suture. Pallas n'indique point de soies à la surface du corselet du *Sc. pectinatus* ; il y a donc tout lieu de penser que c'est par erreur qu'Illiger s'exprime ainsi dans sa traduction des Ins. d'Olivier, t. II, p. 4, où il est dit : « Surface recouverte de poils courts, d'après Pallas, » et qu'il aura été entraîné à cette faute par les mots suivants : « Lateribus clypeus late marginatus, pilisque brevibus confertim ciliatus. »

*Trox fascicularis,* Wied. Germar Mag. Ent., IV,

p. 129. — Mon individu n'ayant que 3 3/4 lignes de long, est ainsi plus petit que le *Tr. sabulosus*; il n'a pas de tubercules à la tête; mais il présente les mêmes carènes transversales, réunies au milieu, que chez le *Tr. luridus* : on peut compter dix faisceaux de poils sur le corselet; les bords latéraux s'élargissent d'avant en arrière, et ils ont près des angles postérieurs une échancrure qui fait que les angles paraissent très rentrés et plus aigus. Peut-être pourrait-on adopter les subdivisions suivantes dans ce genre déjà nombreux en espèces difficiles à distinguer entre elles :

1° Tête avec deux tubercules. *Trox granulatus*, Hb.; *brevicollis*, M.; *gemmatus*, Illig. (Oliv. trad. Ins. appendix); *gibbus*, Ol.; *denticulatus*, Ol.; *perlatus*, Scrib.

2° Tête avec une ou deux carènes transversales contiguës. *Tr. luridus*, F.; *fascicularis*, Wied.; *pectinatus*, Pall.; *suberosus*, F.

3° Tête unie ou avec des lignes transversales peu distinctes. *Trox Morticinii*, Pall.; *cadaverinus*, Ill.; *sabulosus*, L.; *arenarius*, F., et plusieurs autres.

## *Geotrupes*, Fab.

Les *G. monodon* et *punctatus* ne sont pas des différences de sexes; ce sont bien deux espèces distinctes; et cela est facile à constater en se rappelant les caractères qui font reconnaître au premier coup d'œil les mâles de ce genre : le dernier segment abdominal est distinctement très échancré à l'extrémité, tandis qu'il est arrondi chez les femelles. En examinant maintenant les deux espèces ci-dessus, on verra qu'elles sont du même sexe.

Mon *G. thoracicus* (Mém. de St.-Pétersb. vi) est une variété brune du *G. laborator* F.

Une grande partie des espèces du genre *Geotrupes* de Fabricius a le sternum vertical, velu, élargi à l'extrémité; outre cela, elles ont toutes une strie près de la suture des élytres. Je rapporte ces dernières au genre *Oryctes* d'Illig.; tels sont les *Rhinoceros, Nasicornis, Silenus, Alœus, Chorinæus, hircus, punctatus, monodon, laborator, piceus.* Il n'existe ni sternum ni stries latérales chez le *Gideon*, et vraisemblablement chez les *Hercules, Neptunus, Ægeon, Centaurus, Dichotomus, Atlas*, et plusieurs autres espèces exotiques que l'on doit conserver pour cela dans le genre *Geotrupes* de Fabricius.

Le *Geot. bronchus* ne serait-il pas un *Synonendron?* La conformation des antennes et celle du corselet font naître ce doute.

### *Melolontha.*

Le *Mel. lateralis* Wied. Germ. Mag. Ent. iv. t. 4. p. 137. 43, est la femelle du *M. clypeata* Gyll. Schonh. S. I. iii. App. p. 70. 102. Mon individu femelle a 3 2/3 lignes de longueur. Voici les caractères que j'ai tirés des parties de la bouche :

Labrum membranaceum, quadratum, sub clypeum reconditum.

Mandibula cornea, clypeo multo brevior sulcata.

Maxilla cornea, processu apicali duplici serie tridentato; dentibus elongatis acutis.

Labium corneum, subquadratum, apice late emarginatum, basi a mento carina elevata distinctum.

Palpi maxillares articulo ultimo longissimo, cylindrico.

La femelle du *Mel. notata* Wied. Germar Mag. Ent. IV, p. 138. 44, est autrement colorée que le mâle, il faut donc changer sa phrase ainsi : « *Mel. notata*, atra, supra glabra, subtus albo-pilosa, clypeo reflexo, emarginato ; mas elytris plaga rufa ; foemina subtus, elytris pedibusque rufo-ferrugineis. » La massue des antennes du mâle est composée de cinq feuillets, dont l'avant-dernier est le plus long : dans la femelle, le chaperon est moins échancré ; les élytres, larges, ont leur couleur d'un rouge brun plus foncé et moins net à leur base et sur les côtés. Longueur de la femelle, 2 1/2 lignes ; du mâle, 2 lignes. Crochets des tarses doubles, d'égale longueur entre eux, armés d'une griffe pointue au milieu.

Comme plusieurs espèces peuvent être comprises sous la dénomination de *Mel. viridis* de Fabricius, je vais en donner la phrase descriptive d'après des individus rapportés de la Chine : « *Anomala viridis*, supra viridi-ænea, punctatissima ; punctis in elytris vix seriatis, thoracis margine externo aureo ; corpore pedibusque subtus cupreis. » Longueur, 10 à 11 lignes.—Quoique la forme des crochets que nous avons décrits dans l'*Anomala smaragdina*, n° 7, paraisse n'appartenir qu'à l'un des sexes, nous ferons observer que dans l'*An. Julii* les deux sexes offrent des individus ayant tantôt les crochets semblables, et tantôt les crochets bifides.

Les espèces brésiliennes, *Mel. geminata, barbata, signata, unchrata* et *melanocephala*, ont un sternum vertical, épais, frangé à son extrémité : les crochets des femelles sont égaux entre eux dans tous les tarses ; chez les mâles, le crochet interne des tarses antérieurs est beaucoup plus gros et plus cambré que l'externe, et l'article qui porte ces crochets est long et gros, ce qui fait ressembler le *M. barbata* à un *Hydrophilus*. J'ai fait l'anatomie de la bouche du *Mel. barbata;* la voici :

Labrum corneum, transversum, integrum, sub clypeum reconditum.

Mandibula cornea, brevis basi valde incrassata, intus deplanata, subtilissimè transversim strigosâ ; apice elongato obtuso.

Maxilla cornea brevis ; processus interni instar dens obtusus ; processu apicali magno triangulari, interne seriebus duabus acute tridentatis.

Labium corneum elongatum, lateribus ante apicem ipsoque apice late emarginatum.

Cette espèce forme le genre *Cyclocephala* de Latreille.

### Cetonia.

Il faut rapporter à la *Cet. mandarina*, Weber, Obs. Ent. 68, 4, la *Cet. cupripes*, Wied. Germ. Mag. Ent. IV, p. 146, et la *Cet. acuminata*, Linn. Illig. Append. trad. Oliv. Ins., t. 2, p. 160.

### Aphodius.

Je vais compléter la description de l'*Aph. obsoletus*, Fab., que j'ai pris dans l'île Luçon, près de Manille. — Longueur, 2 lignes ; plus large que l'*Anachoreta*. Tête courte, large, pointillée, noire, ayant trois tubercules placés transversalement ; celui du milieu est triangulaire, et les deux latéraux sont en forme de carène transversale. Chaperon finement rugueux, échancré en avant, étroitement rebordé, noir dans le milieu, d'un brun rouge sur les côtés. Antennes et palpes jaunes. Corselet grand, plus large que long ; angles antérieurs très saillants, côtés un peu dilatés au milieu, bord postérieur arrondi, très bombé, et pointillé sur les côtés, garni de points épars dans le milieu ; bordure jaune, étroite sur le bord antérieur et large sur les côtés. Écusson pointu, lisse, brun noir. Élytres un peu plus larges que le corselet, très bombées, à stries assez profondément ponctuées ; couleur fondamentale jaune ; l'intervalle compris entre la suture et la première strie, noir, ainsi qu'une grande tache oblongue au milieu. Entre cette tache et la suture noire, le second intervalle est jaune ; la tache touche presque leur base. Dessous du corps brun, lisse au milieu, ponctué sur les côtés. Cuisses jaunes ; jambes et tarses brunâtres ; jambes tridentées en dehors.

L'espèce brésilienne de l'*Aph. stercorator* Fab., que je possède, et dont Fabricius et Olivier ont donné une assez bonne description, n'a que 1 2/3 ligne de long. Bord de la tête et jambes d'un rouge brun ; milieu de la tête très bombé ; chaperon finement ridé transversalement : corselet ayant à sa moitié postérieure, parmi les points fins dont il est parsemé, d'autres points plus gros : côtés et bord postérieur garnis de franges grises, fines. Intervalles des stries des élytres, lisses et un peu bombés. Cet insecte a le port d'un *Psammodius;* mais il est plus petit.

### *Onthophagus.*

Je considère comme ne devant être comprises dans ce genre que les espèces voisines de l'*Ateuchus flavipes* Fab., telles que *At. pallipes* et *Onitis festivus* (Steven, Mém. de la Soc. I. Mosc., II, p. 31. 1), dont le corps est très allongé, le corselet plus large que les élytres, et l'écusson garni en dessus d'une simple impression. Les petites espèces de *Copris* à élytres aplaties, et que l'on doit bien difficilement séparer des grandes espèces à élytres bombées, sont toutes différentes des précédentes. Les véritables *Onitis* se distinguent par deux impressions au corselet et sur l'écusson, ainsi que par les palpes labiaux aplatis, et l'article apical des palpes maxillaires cunéiforme. ( Les espèces que je voulais réunir dans le genre *Onthophagus* appartiennent aux *Oniticellus* de Ziegler ; mais l'*Onitis festivus* Stev. appartient aux *Onitis*. )

### *Lampyris.*

*Lampyris phyllocera,* Wied. Germ. Mag. IV, p. 125. Il paraît être le même que le *L. compressicornis* de Fab.—Le *Lamp. vittigera,* Gyll. Schon., Syn. I. III, p. 21, ne serait-il pas le même que le *L. vittata,* Fab.? —*L. Capicola,* Wied. Il diffère très peu du *L. marginata* de Linné.

### *Buprestis.*

Je vais compléter ici la description défectueuse donnée jusqu'à présent du *B. smaragdula* Fab., d'après un individu pris à l'île Luçon, près de Manille.

Longueur, 10 lignes. Tête large, front très enfoncé, ayant un sillon longitudinal ; elle est d'un bleu noirâtre, parsemée de gros points d'un vert doré. Yeux grands, bruns. Antennes plus courtes que le corselet, fines, noires ; les trois premiers articles vert doré ; les six derniers ponctués, plus courts et plus larges que les premiers. Corselet plus large que long, un peu plus étroit en avant qu'en arrière ; angles antérieurs saillants et obtus ; côtés presque droits, à rebord très étroit ; bord postérieur un peu arrondi ; surface très légèrement bombée, offrant des points gros et rugueux, avec une fossette longitudinale, grande, profonde, et bifide de chaque côté : au milieu les points font place à une ligne longitudinale, unie ; les inégalités sont noires avec un léger reflet cuivreux ; les points sont verdâtres, les fossettes dorées. Écusson petit, arrondi, un peu plus large en arrière qu'en avant, d'un vert doré.

Élytres beaucoup plus larges à la base que le corselet, tombantes antérieurement sur les côtés, échancrées au milieu, très échancrées en arrière, et terminées par une pointe obtuse ; le tiers postérieur des bords latéraux est denté en forme de scie grosse et tranchante, composée de douze à quatorze dents : surface bombée, largement striée ; stries ayant des points gros, épars, réunis par groupes, et quelques rides transversales : les intervalles sont élevés, lisses, avec quelques gros points ; les rides transversales de la moitié antérieure des élytres s'entrecroisent irrégulièrement en forme de réseau ; le quatrième intervalle, en comptant depuis la suture, est interrompu à sa moitié antérieure, et forme ainsi une tache carrée. Au côté externe des épaules, il résulte aussi de l'omission de la dernière strie élevée une grande tache oblongue, fine et ridée transversalement ; enfin l'on remarque une longue strie pointue, qui s'étend le long du dernier tiers des élytres et y prend la place que devrait occuper l'avant-dernière strie élevée qui manque ici : ces inégalités sont d'un bleu noir avec un léger reflet cuivreux; les points sont d'un vert doré; les taches dorées ont un léger reflet vert. Dessous du corps et cuisses dorés, à léger reflet vert, pointillés; jambes et tarses d'un bleuâtre doré; segment anal avec une petite fente.

## *Hydrophilus.*

Je ne trouve mentionnée nulle part une espèce d'*Hydrophilus* qui a beaucoup d'analogie avec l'*Hyd. piceus* Linn., et commune dans le nord de l'Allemagne et dans le centre de la Russie, mais qui en diffère par le port, la couleur et la grandeur; en voici la description comparative:

*Hydrophilus* (Hydrous) *piceus,* L. — Atro-olivaceus; antennarum clava nigricante, corpore elliptico utrinque angustato, abdomine acute carinato.

Longueur, 18 à 21 lignes. D'après la description de Gyllenhal et Latreille, il est évident que ces auteurs le possédaient. Je ne saurais décider précisément, d'après deux de mes individus, s'il a toujours la massue des antennes noirâtre. La partie antérieure du sternum a une fossette très prononcée; la postérieure est assez noire.

*Hydrophilus* (Hydrous) *aterrimus,* M. — Ater; antennarum clava flava, corpore elliptico, ano carinato.

Longueur, 15 à 16 lignes. Le ventre n'est pas caréné; mais ses deux faces latérales se dépassent un peu mutuellement dans le milieu; le segment anal seul offre une carène dans le milieu. Le devant du sternum a un long sillon profond, et la pointe de la partie postérieure est très arquée vers le bas.

On peut être certain que les différences que je viens de signaler dans les deux espèces précédentes ne sont pas des différences de sexe, puisqu'on les rencontre chez les deux sexes de chaque espèce, ou chez deux espèces du même sexe.

# NOTES.

—

1. *Lucanus tibialis.*

>*Psalicerus complanatus.* Dejean, catalog., p. 174.
>
>(Chevrolat.)

## 6. *Melolontha palpalis.*

>*Amphicrania bidentata.* Dej., catalog., p. 163.

Cette espèce constitue le genre *Liogenis*, formé par Guérin dans le voyage de la Coquille. Zoolog., t. ii, part. 2, 1<sup>re</sup> div., p. 84, pl. 3, fig. 6.

Nous remarquons que M. le comte Dejean, dans son dernier catalogue, a donné à cette espèce un nouveau nom générique, quoiqu'il dût connaître le genre déjà créé par M. Guérin. Mais ce qui est plus extraordinaire, c'est que M. Dejean, en conservant ses propres noms, mette en synonymie ceux d'Eschscholtz, qui ont été publiés onze ans auparavant. Ce n'est là ni simplifier la science, ni aider ceux qui la cultivent. Nous aurions la même observation à faire pour plusieurs espèces indiquées ci-après. (Lequien.)

## 8. *Aulacodus flavipes.*

Voyez dans le Magasin de Zoologie, 1833, classe ix, pl. 70-72, une notice de M. Westwood sur les genres *Leucothyreus* Mac. L., *Bolax* Zoubk., et *Loxopyga* West., voisins des *Aulacodus*.

9. *Cetonia pretiosa.*

> *Cetonia Mac Leaii.* Kirby, Cent. of Ins. Trans.
> Soc. Linn., p. 408, n° 47.
> —— Kirby. Centurie d'insectes, édit. Lequien,
> pag. 33, n° 47, pl. 2, f. 3.
> C'est le n° 2 du genre *Gnathocera* du même auteur.
> Voyez aussi le n° 2 du genre *Gnathocera* de notre
> Monographie des Cétoines.       (Percheron.)

10. *Cetonia fasciolata.*

> *Cetonia lurida.* Fab. S. El., t. ii, p. 152, 83.
> « C. nigro-ænea, elytris lineis duabus elevatis al-
> boque maculatis. »

12, 13, 14, 15. *Copris.*

> Ces espèces appartiennent au genre *Ontophagus* de
> Latreille. (Chevrolat.)

17. *Deltochilum denitpes.*

> *Hyboma bufo.* Dej., catalog., p. 136. (Chevrolat.)
> Le genre Hyboma a été formé dans l'Encyclopédie,
> t. x, p. 352.

26. *Clerus annulatus.*

> *Cl. variegatus.* Dej., catalog., p. 113.
> (Chevrolat.)

27. *Lampyris lunifera.*

> *Photuris biguttata.* Dej., catalog., p. 103.
> Appartient au genre *Photinus*, Laporte, Annales de
> la Soc. Entom., t. ii, p. 142.

28. *Lampyris truncata.*

> *Pygolampis limbalis.* Dej., catalog., p. 102.
> *Photinus truncatus.* Laporte, loc. cit.

**29. *Lampyris signifera.***

Appartient, comme le précédent, au genre *Pygo-lampis*, Dejean. (CHEVROLAT.)

**3o. *Lampyris præusta.***

*Colophotia philippensis.* DEJ., catalog. p. 104.
*Luciola præusta.* LAPORTE, loc. cit.

**31. *Lampyris apicalis.***

*Luciola apicalis.* LAPORTE, loc. cit.

Appartient, comme le précédent, au genre *Colophotia*, Dejean; mais l'espèce que M. Dejean nomme *apicalis* vient de la Nouvelle-Hollande, et doit être différente. (CHEVROLAT.)

**3 2, 33. *Homalisus.***

Les deux insectes appelés *Homalisus* par Eschscholtz appartiennent probablement au genre *Lycus*.

**34. *Cantharis transversa.***

*Cantharis incerta.* DEJ., catalog., p. 107.

(CHEVROLAT.)

**38. *Elater spinosus.***

Pag. 68, lig. 20, au lieu de : *Cl. appendiculatus*, Hub., lisez : *Cl. appendiculatus*, Herbst.

**4o. *Elater scabricollis.***

*Ludius melancholicus*, F. var.; DEJ., catal., p. 94.

**41. *Elater lobatus.***

Appartient au genre *Ludius*. (CHEVROLAT.)

**45. *Elater triangularis.***

Appartient au genre *Drasterius* de Eschscholtz. — *Voy.* DEJ., catalog., p. 93.

72. *Scutellera Schonherri.*

Cet insecte n'est qu'une variété du *Scut. Banksii.*
Donovan, Epitom. Ins. of Asia. (*Voy.* Guérin,
Voyage de la Coquille. Zoolog., t. ii, part. 2,
i<sup>re</sup> div., p. 155.)

73. *Scutellera Germari.*

Citée par Guérin, loc. cit., p. 158.

78. *Halobates.*

Outre les trois espèces décrites par notre auteur,
M. Laporte dit en posséder une quatrième, qui
vient des mers de la Nouvelle-Guinée. (*Voy.* Magasin de Zoologie, 1832, *Essai d'une classif. des
Hémiptères,* p. 24.)

FIN.

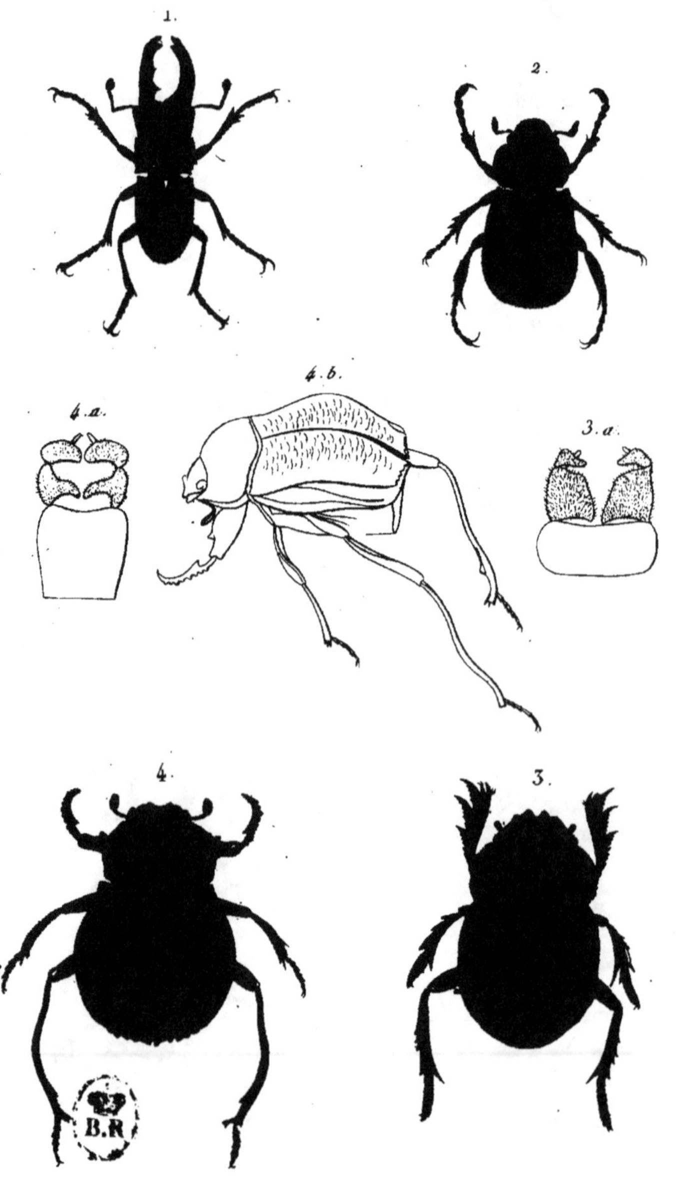

1. Lucanus *tibialis*   2. Aulacodus *flavipes*   3. Megathopa *villosa*

a. *Palp. maxill.*   4. Deltochilum *dentipes*   a. *Palp. maxill.*   b. *vu de côté*

Dumesnil sc.

N. Rémond imp.

4.
5.
Pl. 2 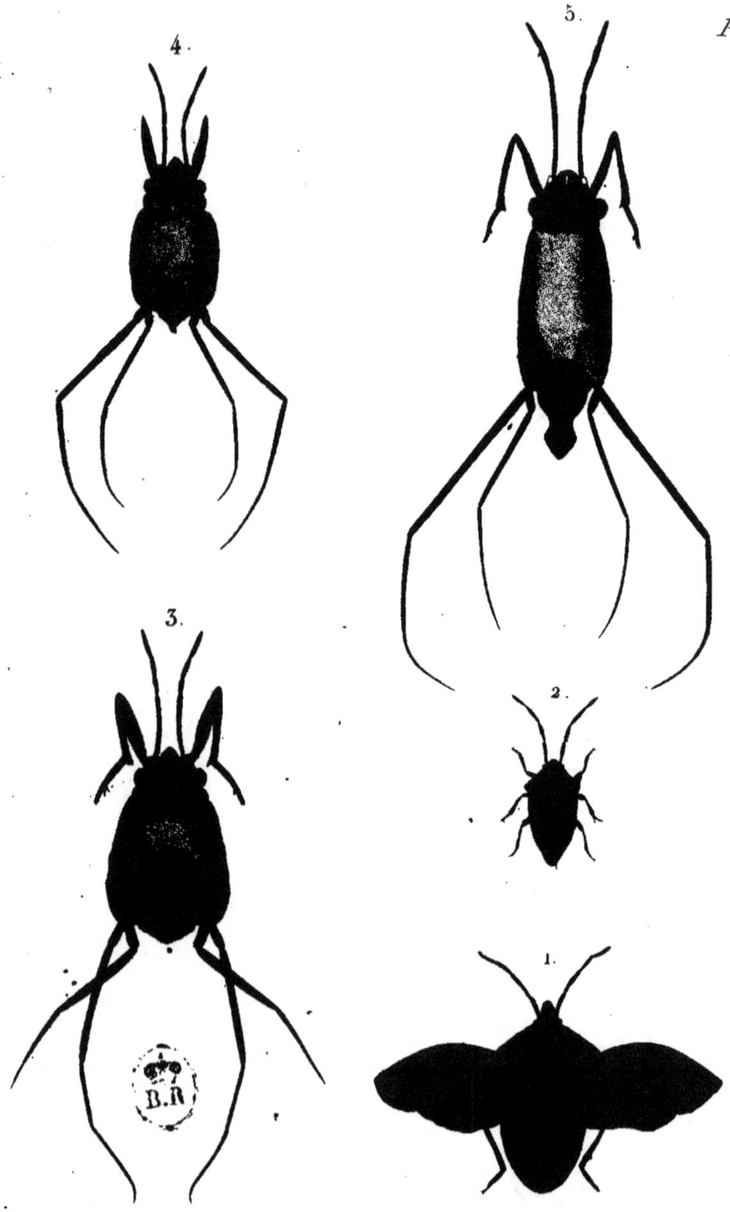
3.
2.
1.
B.R
1.Scutellera Schœnherri    2. S. Germari
3. Halobates micans    4 H. sericeus.    5.H. flaviventris
Dumesnil sc
N Remond imp

9 782329 790008